复杂山地地震资料处理
关键细节与实践

罗仁泽　编著

科学出版社

北　京

内 容 简 介

本书就有关处理技术方面的常用而有效的方法、近年来的技术进展、一些典型地区的典型实例和重大发现，做较详细介绍。并依据实用情况强调其关注点，如确保空间关系准确，动、静校正的最新进展，保真去噪的关键，保真与地表一致性，反褶积的保真性，分辨率与信噪比关系，各向异性实用技术，DMO 与叠前时间偏移，叠前深度偏移与正反演速度建模实例等，对这些关键细节逐一说明；同时关注近年来新技术推广应用情况，如井间、多波、3.5 维地震、时频重排等技术的发展。

本书适用于地震勘探的本科高年级学生、地球物理勘探研究生与博士生，尤其对于从事地震资料解释工程实践和技术研究的人员具有指导作用。

图书在版编目（CIP）数据

复杂山地地震资料处理关键细节与实践/罗仁泽编著. —北京：科学出版社，2017.01

ISBN 978-7-03-050737-2

Ⅰ. ①复… Ⅱ. ①罗… Ⅲ. ①山地–地震资料处理 Ⅳ. ①P315.63

中国版本图书馆 CIP 数据核字（2016）第 281598 号

责任编辑：张 展 罗 莉/责任校对：陈 杰
责任印制：余少力/封面设计：墨创文化

科学出版社出版
北京东黄城根北街 16 号
邮政编码：100717
http://www.sciencep.com
四川煤田地质制图印刷厂印刷
科学出版社发行 各地新华书店经销
*
2017 年 1 月第 一 版 开本：787×1092 1/16
2017 年 1 月第一次印刷 印张：16
字数：383 千字
定价：168.00 元
（如有印装质量问题，我社负责调换）

序　言

从 20 世纪 50 年代至今的 60 多年，中国的地震勘探事业从无到有、由弱到强，加速向前发展，尤以近十几年发展最快。不管是硬件、软件，还是地震技术的进步、理论的创新、人才队伍的成长，处处闪耀着改革开放好政策的光芒。

中国地震勘探从引进苏联的光点地震仪开始，进入光点信号时代。依靠照相纸，通过光点检流计记录地震信号，经过洗相，然后将单炮记录拼成剖面，最后完全由解释人员手工对比解释、手工绘制图件；直至 20 世纪 70 年代，转入模拟信号时代，这时也仅是将单炮记录作简单的动、静校正，再转换成光点，经过照相、洗相、拼剖面后，由解释人员手工解释成图；到 20 世纪 80 年代，借改革开放的春风，地震勘探与世界接轨，从此，不断地引入先进的数字地震设备，从资料采集、处理到解释工作站，从硬件设备到软件系统，我国的地震勘探事业，在与国外各大油公司交流中得到不断进步和壮大；如今，我国勘探装备有了自己的企业，也有了自己的软件系统，只是需要在实践中锻炼成长。我国物探队伍已进入世界市场，并与国际石油大佬们竞争；昔日历史难题的破解、号称与月球面相提并论的青海极复杂近地表结构勘探的重大突破，使人们相信下一个 30 年，全世界的勘探技术和理论舞台上将会发生巨大的变化。中国产出的设备、创造的理论、技术，将与世界石油巨头平分秋色。

资料处理中静校正量与速度的求取是处理人员的基本技能。静校正量与速度是一对紧密相关的量，它们是决定资料处理质量最要紧的因素。但是，这两个未知数都不可能不依赖对方而单独地获得，只能用反复迭代的方式加以求取。世界各大资料处理系统皆如此，关键在于判断迭代的方向，即如何用叠加的质量约束迭代的进程，这需要处理人员具备丰富的地球物理知识，以及对一个地区地质结构特征有充分的认识。本书首先阐述静校正中的基本概念，介绍最新的认识和方法，并将结果图文并茂地展现给大家。其次是关于静校正与动校正的关系问题，指出浮动基准面仅是把静校正量分成两部分，让速度参考真地表的方法是很有意义的，不久的将来，人们会发现真地表的思想将会运用到速度分析、近地表模型的建立和深度偏移速度模型的完善中。目前，剩余静校正解决不了的长波长静值问题，唯一可信赖的办法是已广泛应用于生产的层析静校正技术，只是人们对此认识还不统一；同一个资料，结果各不相同，说明方法还有不完善之处，急盼有人能博采众长，形成知识体系。

去噪是提高地震资料信噪比最直接的方法，也是辅助野外资料采集的有效方法。目前的趋势是向多域交汇方向发展，或创造新的处理域。小波包域技术的进展值得关注，时域样点重排技术在去除声波干扰中表现出不凡的佳绩，将三瞬中的两相希氏变换扩展到纵横波四元数变换的方法也展现出了光明前景。

地表一致性处理技术已发展到了极致状态。静校正的最大能量法，在地表一致性统计中优于常规的自动剩余静校正法（miser 法），特别对于近地表复杂区，在大静校正量突出的情况下也能快速准确地收敛。

近十几年，偏移归位处理技术得到了快速发展，地震仪道数的迅猛增加，使覆盖次数迅速提高勘探的效率得到极大地提升，从而为叠前偏移创造了充分的条件；深度偏移方法已相当成熟，它是高陡复杂构造成像技术发展的充要条件，尽管复杂模型的自动化也有相当的建树，但距离真实模型还有一定距离，这也许是由于真地表概念还没有深入人心的缘故。

分辨率与信噪比相关与否的讨论终于有了结果。广义空间分辨率的发现是进入新世纪的重要事件；小道距的实验表明，在一定信噪比的条件下，空间分辨率有明显改善；无限提高覆盖次数的做法是与俞寿朋先生的数学论证相违背的；李庆忠先生对近地表低速带严重性的精辟论述将是野外施工设计中的重要约束条件。

4D 地震的实践，特别是 3.5D 资料的创造性运用以及井间地震中特高分辨率资料的出现为油气田的开发指明了方向。同时也提醒我们，对一些重要地区的勘探项目，野外采集一定要有长远打算，不能只顾眼前，要做好在条件成熟时做 3.5D 处理的准备。

处理资料质量监控，无论对处理或解释都是有益的，相信资料保真处理的剖面不会出现意外情况；有关构造建模中，从地质构造样式出发的形形色色的模式，未必能包罗地球上构造运动所造成的地层的多样性，这需要解释人员严谨观察和冷静分析保真剖面上的每一个振幅或同相轴的微妙变化，以免出现类似东濮凹陷由于同相轴扭曲现象而遗漏重大发现的遗憾；同时使解释人员面对千变万化的资料沉着应对；20 世纪 70 年代，中国地质调查局石油物探研究大队出版的利用正演法获得的《模型 100 例图集》给人以深刻印象。细心地研究水平叠加剖面，弄清每一个地震特征，对处理或解释人员都是至关重要的。同时，认为有了深度偏移结果或偏移剖面而不需要水平叠加结果的想法显然是不切实际的。

本书就复杂山地地震资料处理方面的关键技术细节进行了有益的探讨。

在本书的撰写、出版过程中，得到了川庆钻探工程有限公司地球物理勘探公司地震资料处理老专家、在地震资料处理第一线辛勤工作近六十年的 王进海 高级工程师的鼎力相助，他在书的整体构思、书稿编辑等方面协助作者做了大量工作，在此对 王进海 老师表示深深的谢意和敬意；同时，作者所指导的西南石油大学研究生何国林、郭亮做了许多修改、校对工作，在此表示诚挚的感谢！另外，也感谢川庆钻探工程有限公司地球物理勘探公司的鼎力相助以及西南石油大学给予的众多关心和支持。在本书编辑过程中，拜读和参考了近四十年来发表的相关文献，引用了其中部分代表性文献，感谢这些同行的艰辛付出以及为地球物理技术发展所做出的贡献。

由于作者试图对山地地震资料处理关键理论与实践做较为全面的展示，需要考虑很多抽象的专业术语和错综复杂的逻辑关系，时间紧张、水平有限，书中难免存在疏漏和不妥之处，期待读者在阅读过程中给予批评指正。联系邮箱：lrzsmith@126.com。

目　　录

1 资料处理目标

随着油气田勘探开发向超深层、复杂构造区域的深入,地震资料处理的目标和要求也在随之发生转变。

1. 目标

资料处理的目标是配合采集和解释人员完成当前形势下的地质任务,为国家多找油气。目前,常规处理正向精细化处理解释一体化转变,地震资料处理服务正向油气开发服务领域延伸。随着目标和服务对象变更,技术需求相应变更,深度、广度均有较大拓宽;目标处理项目加大,针对不同目标,形成不同的处理流程。岩性解释数据要求"三高",除走时外需动力学方面信息,以及横波、泊松比、密度等信息,详细描述井间不均匀性。

2. 指标

资料处理的指标是,对于任何地区采集的资料,通过加强处理过程质量的控制,达到最佳质量状态。利用高速卫星通信和地面 ATM 网络等方式,实现采集实时交互处理与解释。新一代软件系统表现出开放性、网络化、集成化、可视化、并行化特点,支持计算机集群处理。

3. 技术要求

资料处理的技术要求是,达到最佳的去噪效果、最准的静校正量和速度,实现信噪比和分辨率的完美统一。思路上,从多项目批量作业方式转向单项目交互处理作业方式,从一般地质任务转向针对目的层目标的处理,从单一处理任务转向处理解释一体化的任务,从时间域处理逐渐转向深度域处理,从双曲线模型逐渐转向非双曲线模型,从叠后偏移转向叠前偏移,从叠后修饰去噪转向叠前压噪信号增强,从二维剖面构造解释处理转向"三高"的三维数据体构造、岩性解释处理。对于复杂山地地区,地震资料信噪比很低,与多次覆盖技术相应的叠加、成像难度大;采集技术中使用大炮检距和高覆盖次数,也加剧了叠加成像(同相)的困难。方法研究的效果只有通过解释才能真正体现,只有通过解释才能发现问题,进而实现与地质的结合。

4. 关键

资料处理的关键是充分发挥处理人员的聪明才智,充分利用现代化设备,以及野外采集的有效波成分,从而向解释人员展示丰富的地震地质信息。

2 确保空间关系检查

为了使资料处理与野外紧密配合，目前野外都配备有现场处理人员。当天施工记录由现场处理人员输入机器中，一旦发现空间关系有问题，立即与野外有关人员联系，立即纠正。尽管如此，处理上还是会不时地发现空间关系问题。因此，强调在室内资料处理前（数据加载空间关系后），再一次确认空间关系的正确性十分必要。此时，须做好以下两项工作：共检波点检查和初至切除检查。

2.1 共检波点检查

利用初至折射波相邻检波点间时差的相对稳定性，在共检波点（已作线性校正）下查看排列关系（图 2-1（a）），使共检波点特征一目了然，一切有关排列之错，甚至炮位之错将明显地展现出来供我们仔细分析。例如，检波点是否具有一致性及两边排列的对称性，可利用共检波点拾取初至的方法，确认炮检关系及排列之间的有效性（图 2-1（b））。图 2-2 就是先用全部的初至确认初至拾取的合理性，若发现问题，再锁定目标、具体检查[1]。

2.2 初至切除检查

所有记录都必须作初至切除（或"顶切"）检查。这是利用其近炮点、小偏移距道对速度不敏感的特点，查看炮检关系的一种方法。一般情况下，不正确的炮点都能查出来。当全方位采集时（图 2-3），炮点之间仅一道的距离，3D 观测的地面位置对应的大方格中远、近排列炮记录的关系特征如图 2-4 所示。其中，近排列最好辨认（图 2-4（a））；3D 两排列线的中点炮记录差异最不易发现。相邻炮点之间有一道的差距，距离两边排列最远、受近地表影响最大，其分辨能力下降，使错一炮位的时间误差淹没在静校正量中（图 2-4（b）），只有静校正之后才能发现，这时必须重新计算静值和处理其他工作。

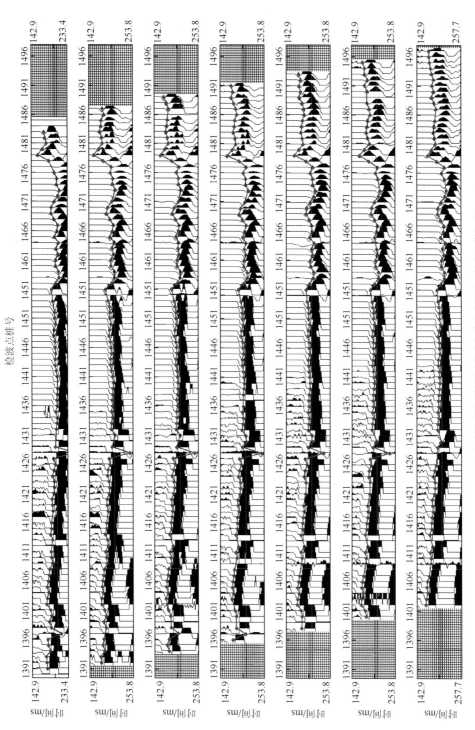

(a) 2D共检波点排列检查（横向为检波点位置，纵向是炮记录）

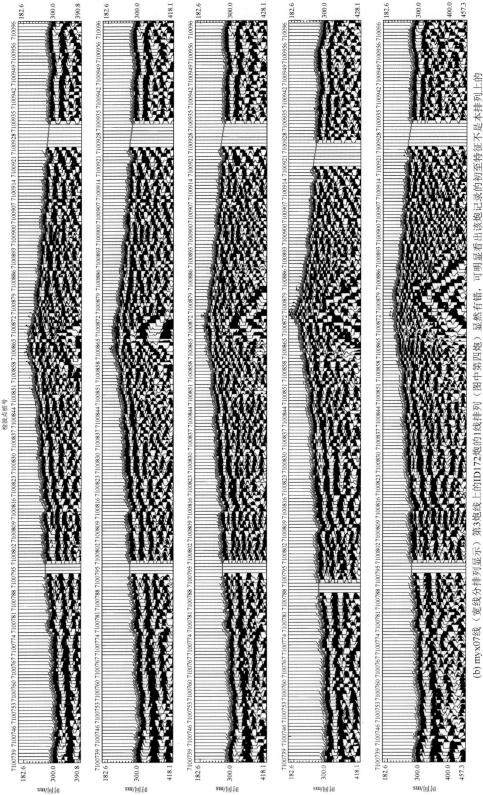

(b) myx07线（宽线分排列显示）第3炮线上的ID172炮的1线排列（图中第四炮）显然有错，可明显看出该炮炮记录的到至特征不是本排列上的第3炮线上的ID172炮的1线排列（图中第四炮）显然有错，可明显看出该炮炮记录的到至特征不是本排列上的

图2-1 共检波点下排列关系图

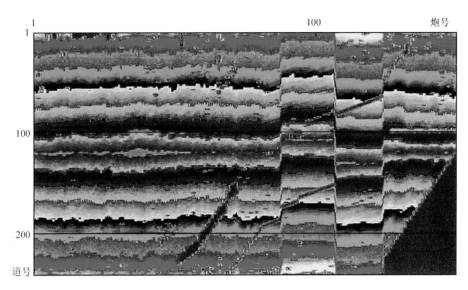

图 2-2　初至拾取质量监控

注：图中显示属性是拾取时间。图中可以看到，100 炮所在位置附近的两列之内的炮记录时间显然有问题

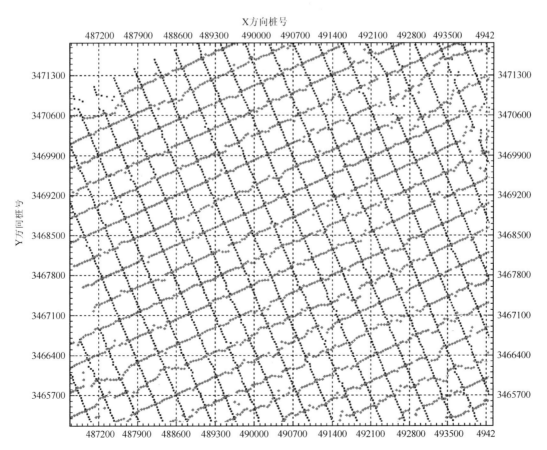

图 2-3　全 3D（炮点距 dy=dx 检波点距）炮、检关系（红色为炮点、蓝色为检波点）

显然，检波线之间中点的炮点误差最难辨认（检验），一道位置的误差将淹没在近地表静校时差中

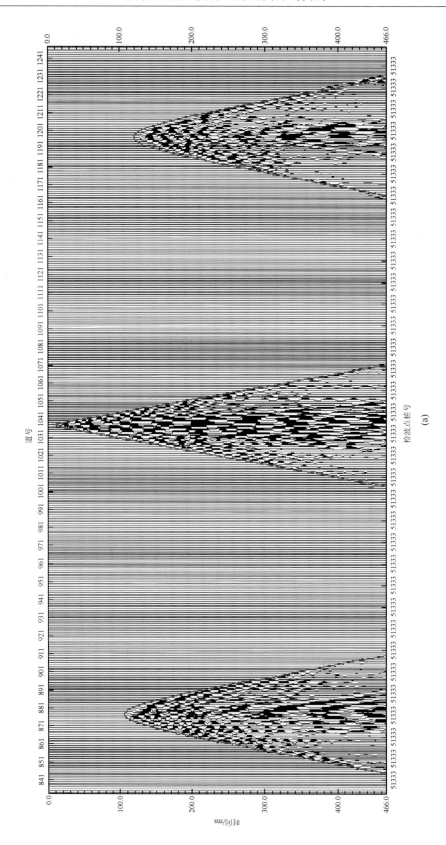

(a)

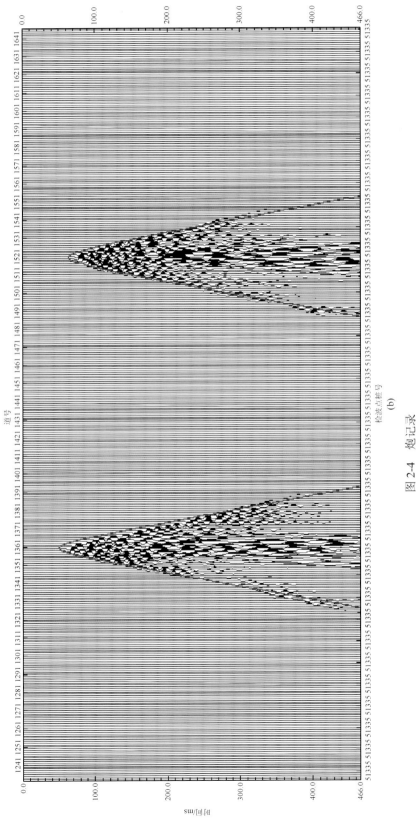

图 2-4 炮记录

(a) 3D 最近、最远 (差异最大) 排列记录; (b) 3D 两排列线中点激发炮记录

3 静 校 正

静校正的"静"字是相对于动校正的"动"字而说的,通常指其校正量相对于记录时间"变与不变"的特性(如地表一致性)。静校正量的实质就是近地表结构的非均质性对记录时间(有效波反射旅行时)的影响(即有效反射旅行时的畸变量)。近地表结构是地下地质岩体经构造运动与大气圈长期相互作用的结果,也就是近地表低降速带所涉及的范围[2]。静校正的目的就是研究近地表结构对地震波传播时间的影响,并对其时差进行校正。

1. 静校正方法分类

野外静校正——又称为**基准面校正**或**高程静校正**。它是对野外直接观测数据(如高程、井口记录时间、微测井、小折射等)进行整理,换算成静校正量并将其记入道头中,以便后续处理,或直接进行校正的过程。

折射波静校正——以全线(区)约束速度(或近地表平均速度)为基准,以折射理论为依据,以给定的折射波初至时间为约束条件,用扩展的广义互换法统计出近地表速度、厚度及其横向变化,并计算各炮、检点的静校正量。

层析反演静校正——以记录初至时间为约束条件,依据波动理论,借助空间网格方式层析模拟近地表结构,并用近地表结构和记录的初至时间计算长、短波长静校正量。

波动方程基准面校正——在已知近地表模型情况下,用波动方程理论作基准面延拓校正,解决复杂近地表静校正问题。

自动剩余静校正(miser法)——一个成熟而广泛应用的方法。它利用有效反射波,在共中心点(或共反射点)域内,经动校正、基准面校正后,以道集的每一道与相邻多个道集所形成的模型道、在给定的时窗内相关求时差,并经共炮点和共检波点统计、分解出炮、检点剩余静校正量,并加以校正。

自动剩余静校正(模拟退火、最大能量法)——目前的自动剩余静校正方法中,比较好的大约可分为两类:一个是旅行时拾取法(如前所述 miser 法),另一类就是目标函数最小化法。该法把地表一致性的炮点和检波点静值当作一个目标函数,使该目标函数最小化即可求得炮点和检波点的剩余静校正量。

2. 基本概念

长、短波长(周期)**静值**——静校正量的横向变化周期所达到的横向距离,长(短)于一个排列长度叫长(短)波长静值。通常,长波长静值影响构造形态,短波长静值影响成像效果。

剩余静校正——使用野外、折射波或层析静校正后,再利用反射波计算静校正量的方法。凡是利用反射波的方法只能计算短波长静值。因为有效波的采集及其静值的统计都是在一个排列范围内得到的,不可能获得大于一个排列长度的静值信息。

初至(时间)——每道地震记录的起跳点信息。其特点为:和反射信息一样,能量随炮检距和时间的增大而衰减，直至信噪比很低而无法使用；波形特征与激发接收条件有关；初至一般由直达波、折射波和反射波组成，其同相轴随层次、速度而不同，拐点时隐时现；近炮点初至，有时受井口及管道波干扰而时间不准；2D 线炮、检点左右摆动大，近炮检距初至没有地表一致性特征。

基准面——由解释统一成图而给定的一个水平参考面。它也是炮、检点总静校正量的参照面。

浮动基准面——由一个排列长度对静值平滑所产生的短波长静值参考面。它把静值分为长、短波长两部分。相对于 CMP 点的短波长静值是非地表一致性的，这时的浮动基准面又叫 CMP 基准面；而炮、检点相对于浮动基准面的短波长静值是地表一致性的。通常，速度分析及所选速度都参考浮动基准面。浮动基准面的一个好处是叠前叠加到浮动基准面，再静校正到基准面，这相当于叠前直接叠加到基准面。

中间基准面——根据需要而设置的临时参考面，可以是水平或起伏的。

真地表——一个以炮、检点所在位置（或炮检中点的虚拟面）为参考的动校正（NMO）速度参考面。

替换速度——或叫充填速度。在不用近地表结构或野外静校正的情况下，它相当于近地表的平均速度；有了近地表结构，它应该用高速层顶面速度；小范围内它应该是一个恒定的速度；大范围看，受岩性的横向变化，它应该是变化的，不过其影响误差比较小。

3.1 野外静校正

3.1.1 高程静校正

如图 3-1，S=炮点，R=检波点，E_S=炮点高程，E_R=检波点高程，E_D=基准面高程，D_S=炮点井深，D_{SR}=检波点的井深，T_{UH}=相邻炮点内插的检波点上的井口时间，V_r=替换速度。则有

$$T_s = \frac{E_D - (E_S - D_S)}{V_r}, \quad T_r = \frac{E_D - (E_R - D_{SR})}{V_r} - T_{UH}$$

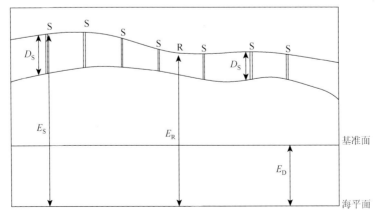

图 3-1　不考虑低降速带下的高程静校正示意图

高程静校正不考虑低降速带情况，仅在探区近地表起伏不大、低降速带变化较小时应用，仅对固定基准面和物理点的高程差进行校正[3]。

其静校正量计算公式为

$$T_r = \frac{E_D - E_W}{V_r} + \frac{E_W - E_G}{v_0} \tag{3-1}$$

$$T_s = \frac{E_D - E_W}{V_r} + \frac{E_W - (E_G + D - H_W)}{v_0} \tag{3-2}$$

式中，T_s 为炮点静校正值；T_r 为检波点静校正值；E_G、E_W 和 E_D 分别为地面、高速顶面和基准面高程；D 为炮点偏移高差；H_W 为炮点井深；v_r 为近地表平均速度（即替换速度）；v_0 为基准面以上，所谓的低降速带速度。

当有了近地表模型后，通常计算一个物理点（炮点或检波点）相对一固定基准面静校正量的公式为[3]

$$t = -\sum_{i=1}^{M} \frac{h_i}{v_i} + \frac{E_D - E_G + \sum_{i=1}^{M} h_i}{V_r} \tag{3-3}$$

式中，h_i 和 v_i 是该点低降速带各层的厚度和速度；M 为低降速带层数。该式表明：通过剥离低降速带，填充速度为 V_r 的介质于低降速带底界面和固定基准面间，可获得近地表一致性的静校正量；计算出检波点和炮点的静校正量后，按照观测系统对应关系把静校正量分配到每个地震道上[3]。

按照建立表层速度模型（即近地表模型）方法的差异，可将静校正方法划分为不同类型。

实际上，高程静校正只适合不存在低降速带或者低降速带结构横向变化不大的地区。如果有低降速带，但低降速带横向上变化对静校正量的影响仅是高频时，可在简单的高程静校正基础上使用细致的剩余静校正。这是因为低降速带的剥离和填充对整个地区的影响基本是一致的，对叠加效果和构造形态基本没有影响。在采用合适的浮动基准面技术情况下，对叠加速度基本上没有多大影响[3, 4]。

在资料处理时，高程静校正是静校正质量控制的最基本标准。在使用其他静校正方法前，先对地震资料进行高程静校正，经速度分析获得初叠剖面，了解地震资料基本情况。在使用其他静校正方法后，将其叠加结果与高程静校正的叠加结果对比，判断所用静校正方法对该地区是否适应，计算静校正量参数的合理性[3, 4]。

3.1.2 控制点数据线性内插法

模型内插法是早期常用的一种野外静校正方法。它是根据近代沉积的连续性与继承性、相邻界面之间存在一定的相似性的原理，利用表层调查控制点数据内插表层模型，计算静校正量的方法。线性内插法的原理如图 3-2 所示。

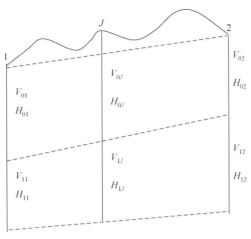

图 3-2　线性内插法原理图

在图 3-2 中，1 号点与 2 号点位置为静校正控制点的位置，其低速层与降速层的速度和厚度分别为 V_{01}、V_{11}、V_{02}、V_{12} 和 H_{01}、H_{11}、H_{02}、H_{12}；J 点表示需要求取静校正值的点位。根据测量资料，各点的高程和纵横坐标均为已知，利用 1 号、2 号两个控制点的线性内插办法即可求得 J 点处的低降速层的速度和厚度 $(V_{0J},V_{1J};\ H_{0J},H_{1J})$，则 J 点的静校正改正值为

$$T_J = -\left(\frac{HH_{0J}}{V_{0J}} + \frac{HH_{1J}}{V_{1J}}\right) + \frac{E_{DJ} - (E_{GJ} - HH_{0J} - HH_{1J})}{V_r} \tag{3-4}$$

式中，$HH_{0J} = HH_{0J} + S\Delta H$；$HH_{1J} = HH_{1J} + SS^{①}\Delta H$；$T_J$ 为 J 点的静校正改正值；E_{DJ} 和 E_{GJ} 分别代表 J 点处地面高程和基准面高程。

当 $S^{②}+SS=1$ 时，表示高速层顶面与近地表起伏无关。

当 $S+SS=0$ 时，表示高速层顶面随近地表起伏而变化。

当 $S=0$ 时，表示近地表高程起伏与低速层无关；当 $S\neq0$ 时，相关程度随 S 值增大而增大。

当 $SS=0$ 时，表示近地表高程起伏与降速层无关；当 $SS\neq0$ 时，相关程度随 SS 值增大而增大。

表示相邻界面之间关系的系数叫层间关系系数，它是该方法应用中的关键参数。对于表层结构复杂的地区，利用层间关系系数很难描绘控制点间的界面变化。因此，解决高频静校正问题的效果往往不好，但对解决中、长波长静校正问题有一定作用。目前，该方法的主要用途有：①计算结构简单区的静校正量；②生成初至约束反演的初始模型；③计算中、长波长静校正量，与其他方法结合求取最终静校正量。

3.1.3　延迟时法

在山前巨厚砾石区，可通过研究巨厚砾石厚度与其延迟时的对应关系来求取静校正量。首先，选择有代表性的、高差较大的砾石地段，用生产记录的初至折射或专门布设的相遇折射观测系统，要求追踪的是同一高速折射层，可用 ABC 法或广义互换法（GRM）

---

① SS 表示近地表高程起伏与降速层的相关程度；
② S 表示近地表高程起伏与低速层相关程度。

求得砾石区各接收点的高速折射层的延迟时间；再根据控制点的低降速带厚度结合各点高程求得各接收点的厚度；然后把各点对应的延迟时和厚度用最小二乘法拟合延迟时曲线，利用这条曲线，对工区内任何点只要知道它的地面高程和高速层顶界（中间基准面）高程，两者作差即为该砾石区厚度，有了厚度就可从延迟时曲线上找到对应的延迟时。有了延迟时就可以计算它的静校正改正值，即

$$T = -\frac{T_{dt}}{\cos A_{ci}} + \frac{E_{DM} - E_G + \Delta Z}{V_r} \tag{3-5}$$

式中，T_{dt} 为该点的延迟时；ΔZ 为该点的砾石厚度；E_{DM} 为该点中间基准面高程；A_{ci} 为临界角。

3.1.4 数据库法

在小幅度构造地区施工中，由构造幅度所产生的时差已接近或相当于常规静校正点控制的长波长的误差。这种误差往往在地震剖面上会出现从浅到深同相轴形态一致的所谓"假凸起"和"假凹陷"。要克服上述问题，首先是严格地野外施工，使每个静校正控制点数据精度提高，这是基础；其次是建立一系列数据库，经过数据的数理统计方法剔除异常值，即相当于控制点数据中的高速层在全工区是稳定的、可以连续追踪的。因此，需要建立多种数据库，得到正确的静校正量。

1）地震导线成果数据库

测量成果是十分重要的原始数据库，利用它可以对测线交点的表层数据进行质量控制和闭合误差检查。这个数据库内容包括测线号、测线拐点桩号及 x、y 坐标等。

2）浮动基准面数据库

对一个连片施工的地区，必须采用统一的浮动基准面，以减少静校正的误差。数据可按一定间隔的控制线逐条输入，之后在计算机内内插，形成网络化数据库。

3）小折射成果数据库

建立小折射成果数据库的目的是对控制点的表层数据进行平滑，消除异常和随机误差，提高长波长静校正精度。例如，平滑采用半径为 300m 的圆平面拟合时自动剔除异常值；也可采用勾绘等值线图的方法剔除异常和光滑随机误差。

4）小折射和近地表高程数据库

以测线为单位把工区所有地震测线上小折射和测量高程数据存入数据库，以便检查测线交点的近地表高程和低降速带数据是否闭合。

5）高速层顶界数据库

当高速层顶界为一稳定潜水面或高速层界面时，为了提高长波长静校正精度，消除小折射数据的随机误差，对小折射控制点求得的高速层顶界高程数据进行平面光滑、内插建成网格化的数据库。这样各控制点的厚度可直接由近地表高程和数据库中高速层顶界高程相减求得，然后可得到静校正量。

6）静校正数据库

以测线为单位建立静校正数据库，库中包括炮、检点桩号、x 坐标、y 坐标、近地表

高程、高速层顶界高程、基准面高程、炮点校正量和接收点校正量等内容。这是重要的野外静校正数据成果，要求记录成光盘文件随磁带、班报等原始资料提交给处理单位。

利用以上数据库信息，可以形成炮、检点的静校正量。它们可以通过高程静校正法加入道头或数据中，或通过空间关系加入道头中作为野外静校正量的一部分。

3.2 折射波静校正

1. 常用的折射波静校正计算方法

（1）延迟时法：包括 FARR（见图 3-5）和 ABC 等[4]；

（2）斜率截距法：包括单倾斜和多倾斜折射层[4]；

（3）互换法：包括 GRM、EGRM（见图 3-8～图 3-10）和 ABCD 法等；

（4）层析法：包括 GLI、模型反演和数值等效法等；

（5）波前重建法：包括加减法、折射波向下延拓法和波前重建法等；

（6）时间项法；

（7）波数域折射静校正法等。

2. 初至智能拾取技术

因为从折射波静校正到层析静校正都以初至时间为约束条件，其处理工作以初至拾取为先导。所以，这里先介绍一下关于初至拾取技术方面值得一提的"初至智能拾取技术"。

30 年前，各国学者开始研究初至拾取技术并应用，方法很多，但各有其局限性[5]。特别是在复杂地形和表层条件下，记录的初至自动拾取一直是资料处理人员迫切需求的技术。特别是当前层析静校正广泛应用之际，初至拾取成了资料处理效率的瓶颈。目前处理人员常用人机交互法智能拾取初至，模拟人机交互半自动拾取初至，采用"好初至波"拾取技术、模拟人工辅助线的"架桥"技术、波峰（谷）相位域追踪技术、炸药震源初至波起跳点的相位域估算技术[5]。其实际应用效果见图 3-3，为最好记录（Q 值为 74 分）；图 3-4 为最差记录（Q 值仅为 8 分，通常认为低于 10 分为废炮记录），类似这种记录，在实际生产中需人工逐道拾取初至。

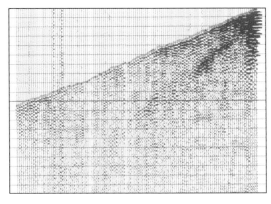

图 3-3 第 202 炮好记录初至（Q=74）

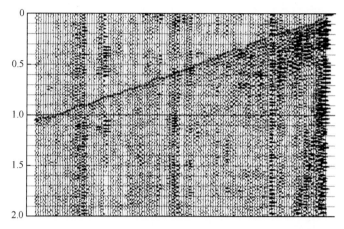

图 3-4　第 160 炮好初至道数百分比（$Q=8$），实为坏炮记录

3.2.1　FARR 静校正

这一方法的原理和步骤为：①对浅层折射用低降速带底界的高速作线性校正，使每炮的折射初至基本上呈水平状态；②开一个时窗，把每个炮集记录初至经线性校正后的波形连续显示拼接在一张图上（图 3-5）；③利用共接收点关系连续拼接相邻炮记录的初至时间，从中分离出各炮点和各接收点的延迟时。

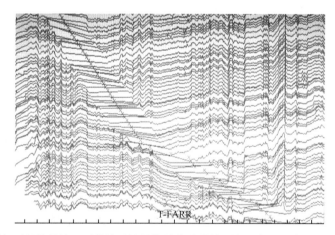

图 3-5　记录初至经线性校正后的波形按共检波点连续排列在一起显示在一张图上（FARR）

3.2.2　相对折射静校正

相对折射静校正方法（RRS），主要是利用生产排列的共炮点和共接收点记录的折射旅行时间，根据静校正控制点的数据来内插求取控制点之间各点的静校正值。它的方法原理和计算步骤如下。

（1）拾取折射旅行时

选择两个相邻控制点有关的多张记录，其中，求取检波点校正量选用共炮点记录，求取炮点校正量应选用共接收点记录。下面以共炮点记录为例，说明其原理和基本要求：要求控制点位于记录的正常记录道上，炮点必须在两个控制点之外，以确保控制点之间各道追踪高速折射层。它可以拾取波峰或波谷，不必非要拾取初至。

（2）折射旅行时线性校正

对每张记录拾取的各道折射旅行时间，以控制点的静校正值为准，按炮检距的大小作线性校正，校正后的各道时间就相当于该道的静校正量。如果两个控制点之间追踪了两个高速折射层，则程序会自动判别是否存在追踪两个折射层，如存在就会自动地分段进行线性校正。

在图 3-6 中，1 和 2 代表控制点位置，控制点的静校正值已经求得；J、K 及 T 点代表需要求取静校正值的点位；S_1、S_2 和 S 代表炮点的位置；$v_0(x)$ 和 $v_1(x)$ 代表低降速带空变的速度；v_{r1} 和 v_{r2} 分别代表高速层顶界以下的两个高速折射界面。

首先分析 S_1 炮点记录上（图 3-6（a））1 号和 2 号控制点之间各道折射旅行时的射线路径。1 号点射线路径是 S_1CD1，2 号点射线路径是 S_1COQ2。其中 S_1C 是共同的，在求相对值时是无关的，两者路径差别在于 $CD1$ 和 $COQ2$。从图上明显地看出 $D1$ 和 $Q2$ 路径的旅行时间分别相当于 1 号点和 2 号点的低降速带的静校正量，而剩下 CD 和 COQ 路径差别是与炮检距呈线性关系。因为高速折射界面 v_{r2} 与高速 v_2 顶界基本上平行，故 CD 和 OQ 的路径基本相等，若有变化也应与炮检距呈线性比例关系。剩下路径 CO 是代表沿折射界面滑行的路径，理所当然它是与炮检距呈线性比例关系。再加上拾取折射波波形变化造成的时差，这种时差也是与炮检距呈线性比例关系。把 1 号点到 2 号点各道折射旅行时用 1、2 号点的静校正量作控制，进行一次线性校正，剩下的时间相当于各道在低降速带的旅行时间，即相当于静校正量。就 J 点而言，线性校正后的时间就相当于 NJ 的射线路径。

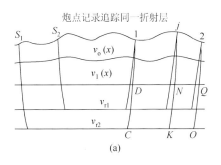
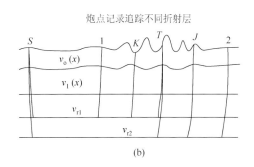

图 3-6 相对折射波静校正原理图

如果两控制点之间追踪了两个折射层（图 3-6（b）），即 1 号点与 T 点之间追踪了 v_{r1} 折射层，而 T 点与 2 号点之间追踪了 v_{r2} 折射层，这时必须采用分段的线性校正方可求得各点的静校正值。分段线性校正可用最小二乘法拟合而获得。在进行分段线性校正之前必须用一系列办法判别，确信两个控制点之间追踪了两个折射层，方可进行分段线性校正。

每张记录经过上述的线性校正或分段线性校正后，控制点之间各点的静校正值就可计算得到。

（3）静校正值进行统计平均

为了提高精度，把每个点的静校正值进行数理统计，剔除异常值后，即可求平均值和均方根误差。再用平均值作为各点最终的静校正值，用均方根误差分析计算所得数据的可信程度。

自动剩余静校正方法与 RRS 配合，能较好地实现短波长静校正[6]。RRS 方法完全适用于弯线施工。RRS 方法不要求追踪真正的初至，也不要求追踪同一个折射层，使用条件不像其他折射静校正方法那么严格，适合于复杂地区。RRS 方法是从控制点数据出发，只要控制点精度高、控制点间隔合理，RRS 方法的静校正值交点是闭合的。

3.2.3　时间项延迟时消去法

时间项延迟时消去法是钱荣钧近年来提出的方法，它适用于二维与三维观测系统。现以三维勘探为例，简单介绍其原理。

对于平面上任意两个炮点和两个接收点（图 3-7），根据基本折射方程，可得到

$$t_1 - t_2 = t_{iR_1} - t_{iR_2} + \frac{(x_1 - x_2)}{v}$$
$$t_3 - t_4 = t_{iR_1} - t_{iR_2} + \frac{(x_3 - x_4)}{v}$$

（3-6）

整理后得

$$v = \frac{(x_1 - x_2) - (x_3 - x_4)}{(t_1 - t_2) - (t_3 - t_4)}$$

（3-7）

式中，x_1、x_2、x_3、x_4 分别表示两点间的距离（图 3-7）；t_{iR_1}、t_{iR_2} 分别表示 R_1、R_2 点的延迟时；t_1、t_2 表示 S_1 到 R_1 与 R_2 的折射波旅行时；t_3、t_4 表示 S_2 到 R_1 与 R_2 的折射波旅行时；v 表示折射层速度。

用式（3-7）可计算折射层速度，并且它与相关点的延迟时无关，也不受近地表起伏的影响。该法通过基本折射方程推出，再用于基本折射方程求取延迟时会更合理[7]。

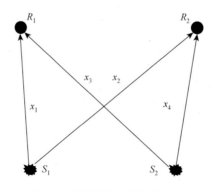

图 3-7　时间项法计算三维速度

对于某一炮，根据折射层速度可以求出炮点、检波点延迟时的总和 $t_{iS_n} + t_{iR_n}$，这样就可以得到若干个与炮、检点延迟时有关的方程，求解这个方程组便可得到炮、检点延迟时。

3.2.4 模型约束初至折射静校正方法

初至折射静校正计算方法能求得高速层速度、炮点与检波点延迟时，但计算静校正量需要将延迟时转换为垂直时间，另外，作基准面校正也需要知道高速层顶界面高程，这就要求必须反演出近地表深度模型。其模型反演公式为

$$h_{\mathrm{w}} = \frac{t_{\mathrm{d}} \times v_{\mathrm{w}}}{\cos\left(\arcsin\dfrac{v_{\mathrm{w}}}{v_{\mathrm{g}}}\right)} \tag{3-8}$$

式中，t_{d} 为地震记录追踪的初至折射层延迟时，s；v_{w} 为地震记录追踪的初至折射层以上介质的平均速度，m/s；v_{g} 为地震记录追踪的初至折射层速度，m/s；h_{w} 为地震记录追踪的初至折射层以上介质的总厚度，m。

式（3-8）中有两个未知数：低降速带厚度 h_{w} 与速度 v_{w}。由于 h_{w} 和 v_{w} 不能直接从地震记录初至中获取，以往是把低降速带速度看成常数或直接用表层调查得到的近地表速度计算低降速带厚度。显然，实际低降速带速度不可能是常数，而直接用表层调查的速度又与地震记录初至追踪的折射层速度不一致，这将影响模型反演精度，造成较大的静校正误差。因此，必须求取一个与地震记录初至追踪层位匹配的低降速带速度（或厚度），才能反演出准确的低降速带厚度（或速度）。模型约束初至折射静校正方法就是利用合理的低降速带速度或厚度参数进行约束，反演近地表模型，确保反演解的唯一性和结果的客观性，进而提高静校正精度。具体应用中有以下两个关键点。

（1）确定约束参数：针对具体工区，在低降速带厚度或速度中确定容易被表层调查资料控制的参数作为约束参数，来反演另一个参数。

（2）求取约束参数：将表层调查得到的近地表的速度、延迟时与地震记录初至追踪的折射层的速度相结合起来，计算出与地震记录初至折射层深度一致的低降速带速度（或厚度），作为模型反演的约束参数。

模型约束初至反演静校正方法是近年来提出并得到完善，而且在复杂地区最常用和有效的静校正方法。

3.2.5 扩展的广义互换法

扩展的广义互换法（EGRM）是在广义互换法（GRM）基础上发展起来的一种静校正方法。该法应用较广泛，在近地表条件不太复杂的情况下，效果良好。

1. 基本原理

基于 GRM 方法原理，在此基础上发展了 EGRM 方法[8~10]，在不规则观测系统条件下，该法提高了地震采集数据的静校正处理效果。为了建立近地表折射界面模型，需要确定时间深度值 t_{G}、风化层速度 v_0 值以及折射界面 v_1 值三个参数。其中，时间深度值 t_{G} 由初至折射波的初至时间确定，风化层速度 v_0 值可通过扫描法或人工给定法确定，折射界

面速度 v_1 值可通过五点差分估算法确定。最后通过时深转换处理手段，将时间深度 t_G 换算成折射界面的深度，从而完成近地表折射界面模型的建立[11,12]。

1）时间深度定义

先讨论最简单的情况。假设地下有一水平界面，如图 3-8 单层近地表模型所示，A 点激发 B 点接收，A 点到 B 点的折射时间 t_{AB} 可表示成[6, 11, 13]

$$t_{AB} = \frac{H_A \cos\phi}{v_0} + \frac{H_B \cos\phi}{v_0} + \frac{\overline{AB}}{v_1} \tag{3-9}$$

式中，$\overline{AB}$ 为 A、B 两点间水平距离；H_A、H_B 分别表示 A 点与 B 点正下方地层厚度；ϕ、v_0 和 v_1 分别为临界角、地层速度和界面下方的速度。

当折射界面水平（即 $H_A = H_B$）时，截距时间 I_{AB}（即交叉时间）为

$$I_{AB} = \frac{2H_A \cos\phi}{v_0} \tag{3-10}$$

此时，A 点时间深度为截距时间值的一半[6]，有

$$t_A = \frac{H_A \cos\phi}{v_0} \tag{3-11}$$

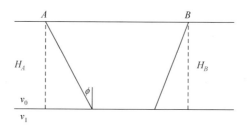

图 3-8　单层近地表模型

2）互换法确定时间深度

在图 3-9 中，利用 A 点激发 G 点接收和 B 点激发 G 点接收所得到的初至折射旅行时间 t_{AG} 和 t_{BG} 来确定 G 点的时间深度 t_G[11, 12]：

$$t_G = (t_{AG} + t_{BG} - t_{AB})/2 \tag{3-12}$$

仿照式（3-9），写出 t_{AG}、t_{BG} 的表达式，代入式（3-12），可得

$$t_G = \frac{H_G \cos\phi}{v_0} \tag{3-13}$$

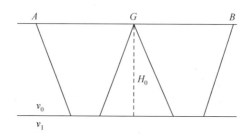

图 3-9　时间深度值的确定

由式（3-12）和观测值 t_{AG}、t_{BG}、t_{AB}，可确定 G 点的时间深度值 t_G。该法被称为互换法（RM）[11]。

如果 G 点不在接收点上，如图 3-10 所示。仿照上面所述，可写出 t_G 的一般形式的表达式[11, 12]：

$$t_G = \frac{1}{2}(t_{AY} + t_{BX} - t_{AB}) - \frac{\overline{XY}}{2v_1} \tag{3-14}$$

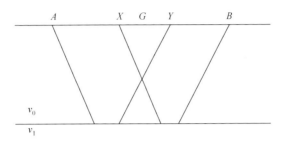

图 3-10　广义互换法确定时间深度

式（3-14）中第一项与式（3-12）相同，第二项是由 X、Y 两点与 G 点不重合所产生的补偿项。式（3-14）比式（3-12）要广泛些，故被称为**广义互换法**（GRM）[14, 15]。

对于测线弯曲、道间隔不等或炮点偏离测线，这时式（3-14）就变成更一般的形式：

$$t_G = \frac{1}{2}(t_{AY} + t_{BX} - t_{AB}) - \frac{1}{2v_1}(\overline{AY} + \overline{BY} - \overline{AB}) \tag{3-15}$$

式（3-15）中第一项称为互换项，第二项称为偏移距剩余项，它代表了更普通的情况，故被称为**扩展的广义互换法**（EGRM）[6, 11, 16]。

3）折射界面深度计算

根据式（3-13），折射界面深度 H_G 为

$$H_G = \frac{t_G v_0}{\cos\phi} = \frac{t_G v_0 v_1}{\sqrt{v_1^2 - v_0^2}} \tag{3-16}$$

图 3-11 展示了用五点差值法估算 v_1 值的流程，G_1、G_2、G_3、G_4、G_5 为五个接收点，A、B 为两个激发点，由式（3-9）可知

$$t_{AG_1} = \frac{2h\cos\phi}{v_0} + \frac{\overline{AG_1}}{v_1}, \quad t_{BG_1} = \frac{2h\cos\phi}{v_0} + \frac{\overline{BG_1}}{v_1} \tag{3-17}$$

上述两式相减可得

$$t_{AG_1} - t_{BG_1} = \frac{\overline{AG_1} - \overline{BG_1}}{v_1} \tag{3-18}$$

在直角坐标系中，纵轴表示时间差，横轴表示距离差，将接收点 G_1、G_2、G_3、G_4、G_5 投影到直角坐标系中，利用数值法拟合成一条曲线，则该拟合直线的斜率为所求的速度 v_1 值[11,12]。

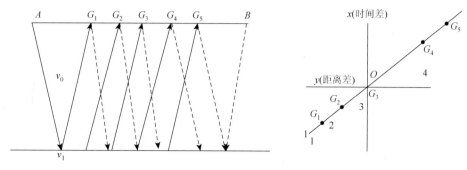

图 3-11　五点差值法估算

测线上每个观测点的静校正量可通过建立的折射界面模型计算得到。折射界面模型由折射面深度确定。在计算折射界面深度时，参数 v_0 通过扫描法确定，其变化可通过在横向上的控制点控制，而参数 v_1 通过五点差值法自动确定，在横向上不受控制点控制，因此会出现跳跃现象。在计算静校正值时，基准面位置的正确选取尤为重要[6,11]。折射界面与全区基准界面深度的差异会造成静校正值计算的误差。在深度差异较大时，为避免静校正值计算的误差，需要在折射界面下选取一个辅助基准面，利用空变的 v_1，将折射界面校正到辅助基准面上，然后再利用全区统一的替换速度将辅助基准面校正到全区统一的基准面上[6,11]。

2. 应用条件

适用于表层稳定的折射界面，且界面速度横向变化不大的工区。该方法要求全工区追踪同一个高速（V_2）折射层，要求 G 接收点附近地形是平的（即 G、X 和 Y 处在同一个海拔），同时要求知道高速折射层以上的平均速度。有了平均速度即可根据延迟时求得低降速带的厚度（折射模型）。

$$\Delta Z = \frac{T_G V_1}{\cos A_{ci}} \tag{3-19}$$

式中，V_1 代表平均速度；ΔZ 为 G 点处低降速带的厚度；A_{ci} 为临界角。利用 G 点的延迟时 T_G 和厚度 ΔZ，代入式（3-5）即可求得 G 点静校正值。

EGRM 方法存在下列不足。

（1）人工干预太多。例如，低速带速度值和折射面的选取等。

（2）假设前提不易满足。EGRM 法不仅要求全区追踪同一个高速折射层以及近地表平坦，而且要求已知高速层以上的平均速度以及拾取真正的初至。这些要求和前提在复杂近地表区无法满足，从而导致静校正后有时叠加效果不理想、测线之间交点的静校正量不闭合等问题。

3. 应用效果

图 3-12 是一条沙漠地区二维地震测线的近地表模型，近地表沙丘连绵起伏，相对高差达 70m 左右，沙层厚度横向变化较大，但高速层顶界面高程比较稳定，速度横向变化不大，因此，高程静校正很难解决该区的静校正问题。图 3-13（a）为未采用 EGRM 静校正前的剖面，构造形态的变化与近地表起伏成镜像对应关系，反射波成像效果不佳。

图 3-13（b）是同一测线应用 EGRM 静校正技术处理后的叠加剖面，反射波成像质量明显提高。

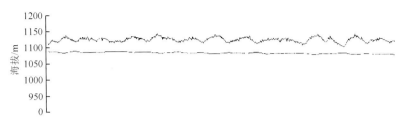

图 3-12　近地表模型

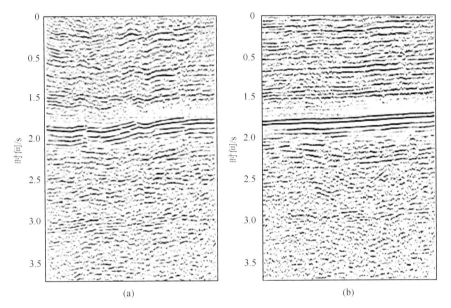

图 3-13　应用 EGRM 静校正前（a）、后（b）叠加剖面的对比

由图 3-13 可知，EGRM 仅解决短波长静值，长波长静值依然存在。

3.2.6　三维折射波静校正技术

该技术系用高斯-赛德尔迭代法求延迟时，先进行野外近地表调查，再利用初至折射波信息实现折射波静校正，较好地解决了三维工区的静校正问题。

1. 基本原理

图 3-14 是三维折射静校正的理论模型，v_0、v_1 分别为风化层及折射层的速度，T_{AB} 代表 A、B 两点的折射波旅行时，经过换算，式（3-20）可以分解为 A 点的延迟时 T_A 和 B 点的延迟时 T_B 以及与折射层速度有关的线性动校正项 AB/v_1；对于 n 层模型，式（3-20）可用式（3-21）表示。利用高斯-赛德尔迭代法经过多次迭代计算延迟时，在最小均方根

意义下独立求取炮点、检波点的延迟时以及相关的折射层速度[13, 17]。

$$T_{AB} = \frac{AX}{v_0} + \frac{YB}{v_0} = T_A + \frac{\overline{AB}}{v_1} + T_B \qquad （3\text{-}20）$$

$$T_{AB} = T_A + \overline{AB}/v_{n+1} + T_B \qquad （3\text{-}21）$$

$$T_{AB} = \frac{Z_A \cos\phi}{v_0} + \frac{\overline{AB}}{v_{n+1}} + \frac{Z_B \cos\phi}{v_0} \qquad （3\text{-}22）$$

在计算静校正量时，由于风化层速度未知，可通过微测井、小折射、初至等信息确定 v_0 值[25]。

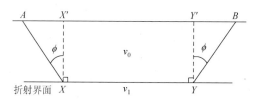

图 3-14　三维折射静校正理论模型

2. 应用条件

三维折射波静校正技术适用于相对稳定的折射层且风化层速度横向变化不大的地区。

3. 应用效果

鄂尔多斯盆地某三维地震数据，工区近地表相对平缓，但近地表结构较为复杂，致使地震剖面产生畸变。工区有一个稳定的折射面（高速层顶界面），利用三维折射波静校正技术，解决了长波长静校正问题，取得了满意的效果。

从互换法（RM）到扩展的广义互换法（EGRM）经历了几十年的发展历程，曾一度广泛应用，都获得了较好的效果。自地震勘探进入山区以来，EGRM 就开始出现不少问题：①其前提条件要求有"统一的"折射层，实际应用中又简化为只用一层结构，在一个大的地区，横向速度变化大，只用一个速度作约束就会发生大的问题，速度相近的地方方法适用，而速度变化大的地方就会出现错相位而无法解决；②由于横向上不能变速（可以变，但人为因素大），长波长问题得不到解决；③所用初至时间、所作模型和计算的静校正量都是相对的，而层析只要把初至时间校到记录起始的零点上，其结果都是绝对的。这样，EGRM 所作的结果与层析及高程静校正的结果都不匹配，很难闭合。

3.3　层析反演静校正

利用层析反演建立近地表模型，并计算静校正量的方法被称为层析静校正方法。层析技术在静校正方面的应用研究始于 20 世纪 90 年代初，其具体实现步骤和基本原理见图 3-15。层析反演静校正技术根据费马原理，利用地震回转波射线的走时与路径，反演近地表介质速度，这是一种高精度反演方法，适用于介质横向速度变化剧烈甚至倒转的情况[18~25]。

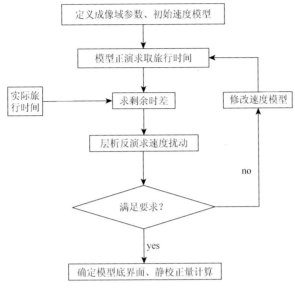

图 3-15 层析法静校正基本流程

3.3.1 基本原理

层析运算包括两个过程：一是计算每个炮-检点旅行时，该过程称为正演过程；二是利用初至剩余时间交互更新速度模型，该过程称为反演过程。通常可通过多次迭代的数值计算方法减小层析运算的误差。该方法是将不同的初始模型与不同噪声水平的初至时间进行多次迭代运算。层析静校正算法主要包括初至拾取、成像域网格化、射线追踪与分割、剩余时间（误差）计算、速度更新、建立速度模型等步骤[26]。

1. 成像域网格化与速度模型描述

成像域网格化针对对象为近地表模型，在空间域，将该模型划分成一系列网格（voxel）。不同工区，其表层地质情况不同，与之对应的网格尺度也不同。在网格尺度确定时，不仅要考虑最小速度异常体的分辨率大小，还要考虑数据统计规律，要尽可能使数据统计规律大，从而在网格内获得足够的射线。在空间上，模型网格的形状不一定是正多边形，在 Inline、Crossline 以及深度方向上其形状可以不同。当地震观测系统的接收线距与道距之比较大时，模型网格为长方形网格较好。模型网格建立后，需要对每一个网格的中心赋予速度值，该速度值可通过不均匀内插获得，为后面做射线追踪计算旅行时所用[13,26]。

2. 射线追踪及反演计算

在 1987 年，Thurber 创建了最大速度梯度射线追踪三维算法，该算法用于回折波层析反演计算中，如图 3-16。该算法具有高计算效率，无须做内插运算，并要求有岩性边界或水平连续地层界面，提高了算法的适用性[13,26]。

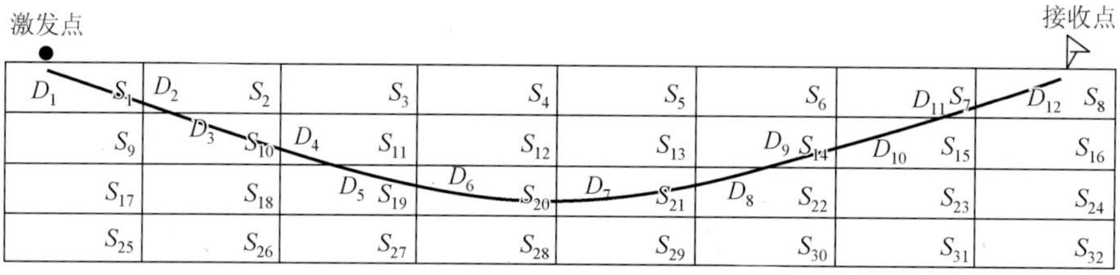

图 3-16　层析法射线追踪示意图

基于费马原理（Fermat's principle），立足于"速度梯度大，旅行时间少"的原则，该算法可对炮点到检波点进行射线追踪。该算法与现有的延迟时方法（如 EGRM，GAUSS-SEIDEL 等算法）最本质的区别在于该算法不严格遵循斯涅耳定律[13,26]。

利用射线追踪法可得到炮-检点之间的一条射线路径。对该射线进行分割，计算射线路径长度和该射线通过的网格在 Inline、Crossline 及深度方向上相对应的坐标。在层析运算时，以上信息为每个网格中心点的速度更新提供加权系数[13,26]。

观测到的初至时间与计算得到的旅行时间之间的差异称为残差。旅行时间计算是将通过每个网格线的旅行时间求和得到的，其计算过程可以表示为[13,26]

$$t_m = \sum_{i=1}^{I} \sum_{j=1}^{J} \sum_{k=1}^{K} [S_{ijk}] D_{ijk} \tag{3-23}$$

式中，t_m 为地震波旅行时；i、j、k 分别为 Inline 方向、Crossline 方向和深度方向对应的网格号；S_{ijk} 为第 i、j、k 网格中的慢度；D_{ijk} 为第 i、j、k 网格射线路径长度。

反演计算是层析计算过程中的最后一个步骤。在反演计算时，首先需给定一个初始慢度模型 S，按照式（3-23）计算射线初至时间 t_m，依据射线追踪算法原理，计算获得射线路径矩阵 A，利用观测走时 t 减去初至时间 t_m，得到残差矩阵 ΔT，则反演方程组可表示为

$$\Delta T = A \Delta S \tag{3-24}$$

式中，ΔS 为给定初始慢度模型 S 的修正量。

由于式（3-24）为一个病态的大型稀疏线性代数方程组，其解法有多种。在所有方法对比后，确认联立迭代重构法（simultaneous iterative reconstruction technique，SIRT）求解能获得较好的反演效果，其解法如下：[25, 27]

$$\begin{cases} S_j^{k+1} = S_j^k + \Delta S_j^k \\ \Delta S_j^k = \dfrac{1}{n} \sum_{i=1}^{n} \dfrac{a_{ij}(t - t_m)_i}{\|a_{ij}\|_2^2} \end{cases} \tag{3-25}$$

式中，S_j^k、S_j^{k+1} 分别为第 j 个网格第 k 次与第 $k+1$ 次迭代后的慢度值；ΔS_j^k 为第 j 个网格在其 k 次迭代后求得的慢度修正量；n 为通过第 j 个网格中所有射线的条数；a_{ij} 为第 j 个网格中穿越第 i 条射线长度；$(t - t_m)_i$ 为第 i 条射线的残差；$\|a_{ij}\|_2^2$ 为第 i 条射线在 j 个网格中的射线长度所组成向量的 2 范数。

由式（3-25）可求出所有网格的慢度值，计算各点的静校正值时需要将最终的慢度模型转为速度模型[13, 26]。

3.3.2 应用实例

（1）如图 3-17，（a）图为常规高程静校正的初叠剖面图，（b）图为经层析静校正后的初叠剖面，对比（a）图与（b）图可以看出，（b）图中较好地反映了地层的基本构造形态。在（b）图处理的基础上，对（b）图的数据作剩余时差校正，可以使最终的叠加结果得到进一步的改善[28]。

（2）层析反演静校正方法具有高精度，反演模型能反映速度纵、横向的变化规律的优点。层析反演静校正法和上述相对折射波静校正法的本质差别在于层析反演能较好地处理长波长静校正问题。

（3）图 3-18 为 2003 年在青海地区某测线上作的一个试验。（a）图为实测数据模型，（b）图为初至层析低速带厚度分布图。从两图比较可以看出，中间厚度基本相同，区别在于两边，主要原因是当时的初至时间没有校正到零点上，计算结果存在一定的误差。图 3-19 所示为石灰岩区近地表模型。一般认为石灰岩地区不可能有低、降速带。可实际上，这里低、降速带很厚，低速度为 2500～5000m/s；降速带厚度较大，速度为 5000～6000m/s，长、短周期静值都有，短周期比较严重。

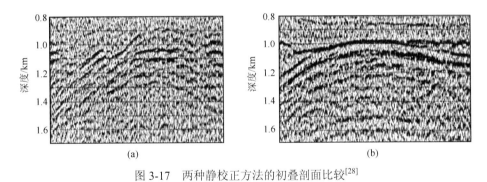

图 3-17 两种静校正方法的初叠剖面比较[28]

（a）常规高程静校正的初叠剖面图；（b）经层析静校正后的初叠剖面

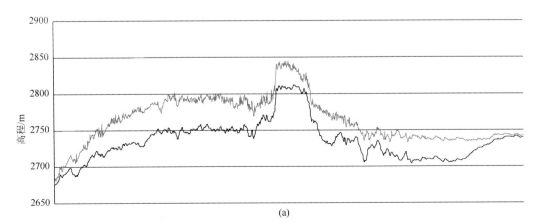

(a)

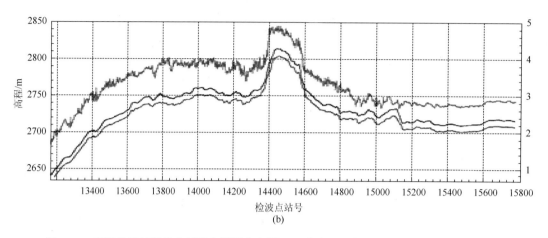

图 3-18　青海地区某测线小折射和微测井实测（a）与初至层析（b）低速带厚度分布比较

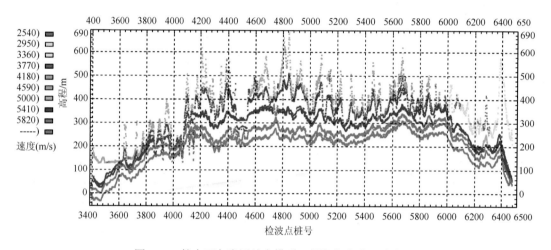

图 3-19　桂东石灰岩近地表模型（颜色代表该层速度）

（4）层析（ToModel）功能简介。ToModel 层析软件依据波动理论，通过坐标网格定义纵、横、深度方向增量及最大深度参数、最大速度范围，用炮点间初至信息反演模型并外推至附加段，以全初至时间为约束条件模拟近地表结构（图 3-20 为川东大山区的近地表结构）。图 3-21 的黄色曲线是其与高程静值的差值，反映了该区近地表结构的非均质性，有 6～9km 的长周期和短周期静值变化；ToModel 层析软件灵活地定义中间基准面（一般用替换速度，图 3-20 中黑线）作为近地表结构的底界，通过全交互手段，利用互换差和炮、检点拟合差，以及静值前后之差、迭代误差曲线、打印值寻找收敛点、不同域显示初至等作为质量控制手段，编辑初至、确定最佳迭代次数。对于变观、炮检点的左右摆动等情况用投影方法，按百分比予以舍取。利用有效初至范围的延迟时自动生成初始模型，先反演模型计算长波长静值，在共炮、检点域利用二阶差分法、炮域初至模拟或偏移距域法计算剩余的短波长静值。对于全区域内的二维闭合问题（图 3-22 是近地表模型的闭合情况），用平滑低频成分，重新再加高频成分的办法消去闭合差；对于三维大数据量采用分块并行处理。图 3-23 是三维数据分块示意图，采用自动无缝拼接的方法，运行效率高；图 3-24 给出三维近地表模型显示方式；图 3-25 是图 3-20 的水平叠加剖面。

图 3-26 是不同静校正方法叠加剖面的对比，说明长波长静值问题只有采用层析静校正才能解决，其他的方法，如模型、折射法都不能解决长波长问题。

图 3-27 和图 3-28 是采用 ToModel 层析方法[29~33]得到的近地表模型和最终叠加剖面的连井效果。该模型较好地反映了黄土塬地区的近地表特征，从而解决了该区长期存在的静校正问题。图 3-29 是利用三维地震资料预测的下奥陶统马家沟组古地貌特征，预测成果得到了钻井的证实[33]。图 3-30 为几个区块连片处理中拼接处的叠加剖面。图 3-31 是一个三维连片处理的情况，层析静校正后得到了很好的结果。

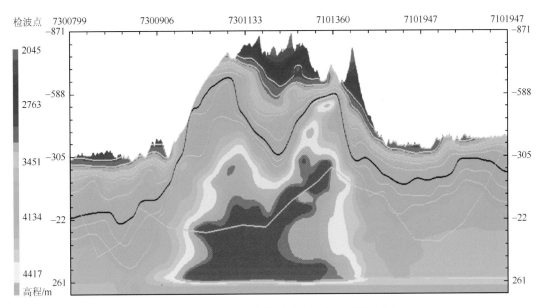

图 3-20 川东大山区某线近地表结构（黑线以上）

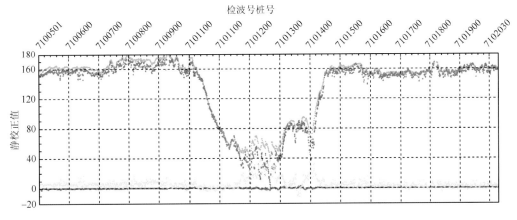

图 3-21 川东大山区某线静值曲线

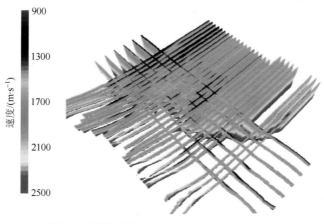

图 3-22　ToModel 对所有二维测线层析反演后得到全区近地表速度分布（闭合情况）

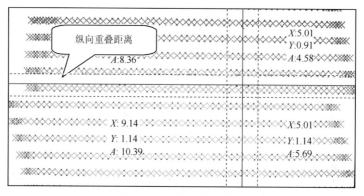

图 3-23　三维分块示意图

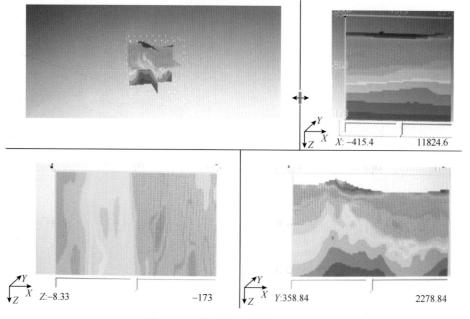

图 3-24　三维近地表模型显示方式

图 3-25　图 3-20 线层析后的水平叠加剖面

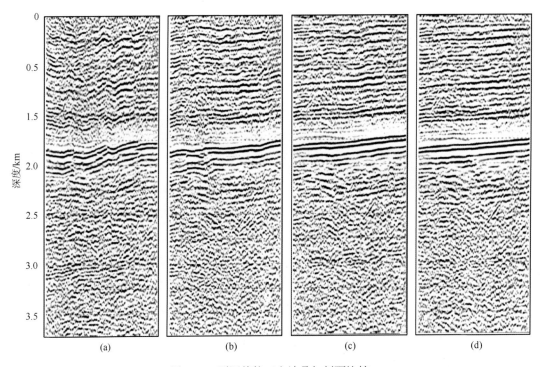

图 3-26　不同静校正方法叠加剖面比较

（a）未校正；（b）分层模型；（c）折射静校正；（d）层析方法

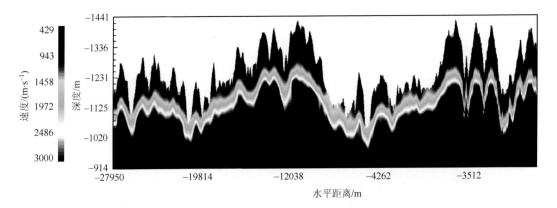

图 3-27　近地表模型

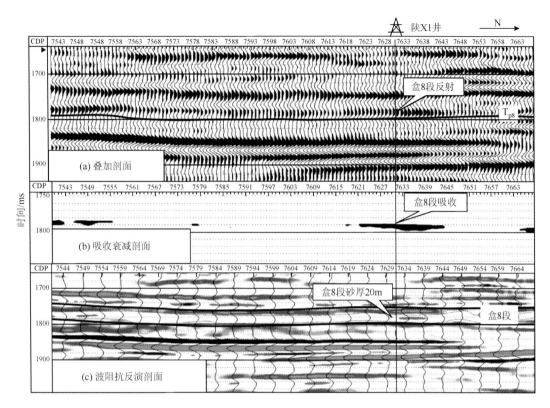

图 3-28 地震资料解释成果

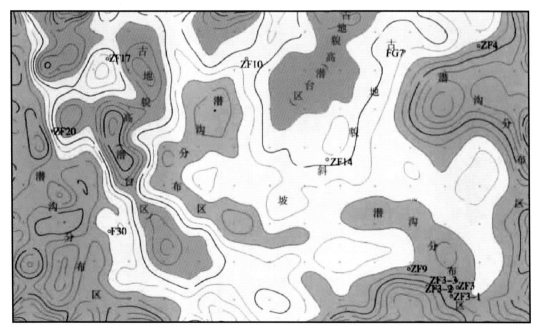

图 3-29 利用三维地震资料预测的下奥陶统马家沟组古地貌

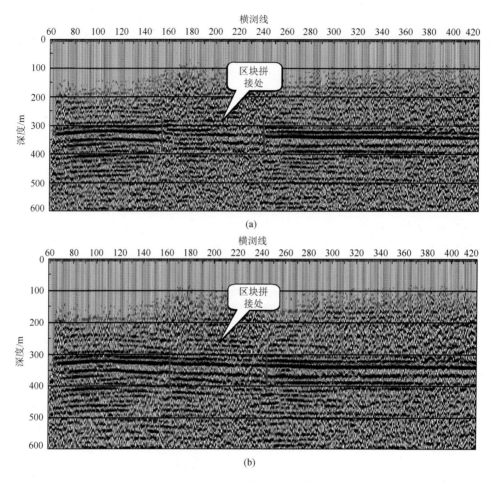

图 3-30 区块拼接处叠加剖面

（a）常规静校正；（b）层析静校正

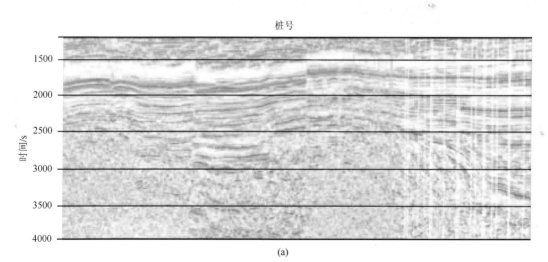

(a)

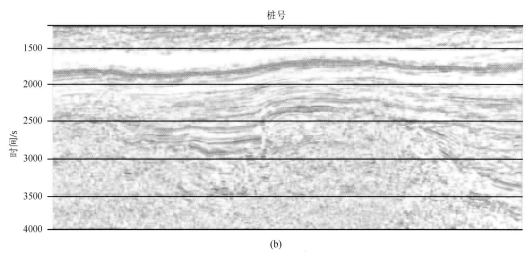

图 3-31　三维连片处理前（a）后（b）的剖面对比

ToModel 层析方法也有不足之处：当地形很陡时，由于射线不均匀分布而造成误差；特殊情况下对于倒转的低速区无法实现定义。

3.4　波动方程基准面校正

波动方程基准面校正属于高精度模型静校正法，该方法把静校正问题分解为近地表速度模型的求取与校正，其原理类似于叠前深度偏移。假设已知近地表结构，用逆时递推的方法分别将炮点和检波点递推到一个选定的基准面上，这个基准面要根据地质情况来选定，一般来讲是地质上的界面，但也可以是任意选定的假设界面（中间基准面）；然后，将所选定的中间基准面与基准面之间用一个合适的速度充填，这个速度一般是高速层顶面速度（通常用替换速度），用充填后的速度进行正演，将炮点和检波点分别递推到基准面上[34, 35]。

静校正法可分为时移校正法与波场延拓校正法。时移校正法利用求取的静校正量对地震道进行整道时移，这是建立在地震波垂直出入近地表的假设条件上，常规静校正方法都是先求出静校正量，再进行时移校正。时移校正法在近地表不太复杂的地区很有效[17, 36]。对于浅层、大炮检距以及近地表速度横向变化剧烈的地区，可通过初至求解近地表速度模型，再用时移校正法（如地形基准面校正算子（TDO）法，图 3-32 是其与波动方程法的比较），结果都相近[36]。

波动方程延拓静校正以波的传播理论为基础，反射波同相轴不仅沿垂直方向移动，而且也按水平方向移动[36]。波场延拓静校正主要有 Kirchhoff 积分法延拓静校正与全波动方程延拓静校正。与时移法相比，Kirchhoff 积分法在精度上有较大提高，但是该法在介质、远场近似条件下成立，不能很好地反映波的动力学特征，当近地表速度横向变化剧烈时，误差较大。全波动方程延拓静校正以全波动方程数值求解为基础，能适应复杂近地表速度变化，考虑波场通过表层时所发生的透射、散射、反射，使得延拓的波场具有较高的精度[17, 36, 37]。

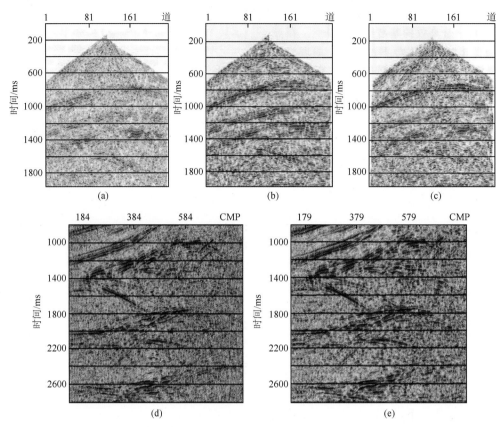

图 3-32　第 4 炮记录（a）、两步法波动方程校正（b）、TDO 校正记录（c）、TDO 校正后叠加剖面（d）、
波动方程校正叠加剖面（e）

　　静校正的基本思想可用示意图 3-33 来说明。一般来说，已知在近地表 *AB* 段的地震记录，处理时要引入两个基准面：一个是在复杂近地表结构下的中间基准面；另一个是最终基准面。静校正实现过程：利用近地表真实速度，将地震记录延拓到中间基准面上，再利用替换速度，将中间基准面上的地震记录延拓到最终基准面上。如图 3-33，*AB* 表示真实的近地表，将其上面的地震记录用真实速度延拓到中间基准面 *CD* 上，利用替换速度，将 *CD* 面上的地震记录延拓到最终基准面上（图 3-33 中虚线表示最终基准面）[37]。

　　地震波在二维介质中的传播可用如下的波动方程描述：

$$\frac{\partial^2 u}{\partial x^2}+\frac{\partial^2 u}{\partial z^2}-\frac{1}{v^2(x,z)}\frac{\partial^2 u}{\partial t^2}=g(t)\delta(x-x_s)\delta(z-z_s) \qquad (3-26)$$

其中，$u(x,z,t)$ 为位移波场；x,z 分别为水平与垂直方向的坐标；$v(x,z)$ 为介质中 (x,z) 点的速度；$g(t)$ 为震源函数；(x_s,z_s) 为震源点的坐标。图 3-33 为野外激发接收的示意图，对共接收点道集按照静校正实现过程将炮点移动到基准面上，下面利用波动方程反问题来描述该静校正过程。

　　假设在近地表某点激发，分别在 *AB*、*CD*、*DB* 段观测，在各处观测得到地震记录分别为 u_{AC}、u_{CD}、u_{DB}。为了考虑地震波的传播问题，在闭合区 *ABDC* 将 u_{AC}、u_{CD}、u_{DB} 分别作为 *AC*、*CD*、*BD* 的边界条件，即[37]

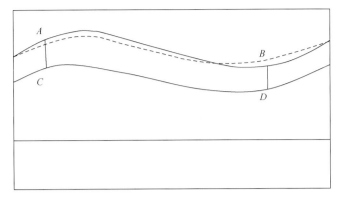

图 3-33　波场延拓静校正示意图

$$u(x,z,t)\big|_{(x,z)\in CD} = u_{CD}$$
$$u(x,z,t)\big|_{(x,z)\in AC} = u_{AC} \qquad\qquad (3\text{-}27)$$
$$u(x,z,t)\big|_{(x,z)\in BD} = u_{BD}$$

在实际地震勘探中，通常将近地表作为自由边界条件，即

$$u(x,z)\big|_{z=d(x)} = 0 \qquad\qquad (3\text{-}28)$$

式（3-28）中 $z=d(x)$ 为真实地表模型函数，初始条件取为

$$u(x,z,0) = \frac{\partial u(x,z,0)}{\partial t} = 0 \qquad\qquad (3\text{-}29)$$

在定解条件下，求解微分方程，得到真实近地表 AB 段的地震记录值 u_{AB}。计算近地表 AB 段的地震记录时，可通过观察值 u_{CD} 求得。这种由 u_{CD} 求得 u_{AB} 的问题为正演问题。而在静校正处理时，需要利用 AB 段的地震记录 u_{AB} 求解 CD 段的地震记录 u_{CD}，这个过程与上述过程相反，称为反问题。在求解反问题时，波动方程的边界未知，该类问题称为边值反问题[37]。

综上所述，由于表层以下未知，只能通过表层研究地震波在地下介质中的传播问题，而静校正处理时解决的是地表问题。因此，静校正问题可归结为波动方程边值问题。静校正的处理可通过波动方程边值反演来实现[37]，但该方法需在近地表结构已知的条件下才能实现，而在山地地震勘探中该条件是不能满足的，但是可通过初至层析反演的方法反演获得近地表结构。在此条件下，可实现山地近地表静校正处理。

波动方程延拓静校正技术是一种获取高质量叠加剖面的有效方法，更重要的是波动方程延拓静校正结合叠后深度偏移基本上与叠前深度偏移的效果是等效的,这点对于目前的资料处理尤其重要。

（1）从最早的 1978 年 Gazdag 的"相移加插值波场延拓法"[①]开始，到 1995～1996 年国内学者马在田的"Kirchhoff 积分法波场延拓基准面静校正"[②]，1999～2007 年杨锴、程玖兵的"复杂地表有限差分波动方程基准面校正"[③]，2004 年方伍宝等的"近似的波动

①　Gazdag J. 1978. Wave equation migration with the phase-shift method[J]. Geophysics, 43（7）：1342-1351.
②　耿建华, 黄海贵, 马在田. 1996. Kirchhoff 积分波场延拓基准面静校正方法研究[J]. 同济大学学报（自然科学版），(6)：665-669.
③　杨锴, 程玖兵, 刘玉柱, 等. 2007. 三维波动方程基准面校正方法的应用研究[J]. 地球物理学报, 50（4）：1232-1240.

方程静校正技术"①，2005 年王守东的"复杂地表波动方程反演延拓静校正"②，2006～2007 年崔兴福等的"复杂近地表波动方程波场延拓静校正"③，直到 2009 年赵传雪等的"有限差分波动方程基准面校正法"④。如图 3-34 所示，与其他静校正效果相比，波动方程基准面静校正的效果有一定的改善。

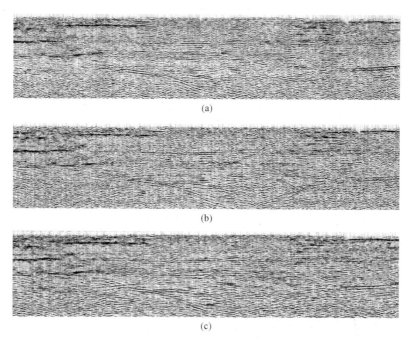

(a)

(b)

(c)

图 3-34　（丘陵区）野外静校正结果（a）、层析结果（b）及波场延拓基准面校正结果（c）

（2）频率-波数域实现波动方程基准面校正，其基本方法原理如下。

根据波动理论，地震波在底下介质中的传播规律均可用波动方程表征。波动方程的求解、地震波场的延拓及地震波场表层传播过程再现都依赖于近地表速度模型。因此，存在的复杂地表静校正处理问题可通过波动方程基准面校正解决。

延拓算法：Kirchhoff 积分法求解波动方程，其解只是一种近似解，与精确解比较存在一定的误差。频率-空间域有限差分法计算不稳定，且处理精度较低。而频率-波数域法求解的结果不会引起波形畸变和缺失，能求得波动方程的精确解，但其要求地震波横向速度不变，无法适应横向变速的情况[38]。

Gazdag 提出的相移加插值波场延拓法，能处理横向速度变化较小的情况，对速度横向变化具有一定的适应性。

为了提高对横向速度剧烈变化的适应性，在频率-波数域波场的延拓算子中加入了动校正方程，引入背景速度和扰动速度项，实现了横向速度剧烈变化区的波场延拓基准面校正。从

① 方伍宝，李满树，孙爱萍，等. 2004. 基于 Born 近似的波动方程静校正技术[J]. 石油物探，43（1）：26-29.

② 王守东. 2005. 复杂地表波动方程反演延拓静校正[J]. 石油地球物理勘探，40（1）：31-34.

③ 崔兴福，徐凌，陈立康. 2006. 复杂近地表波动方程波场延拓静校正[J]. 石油勘探与开发，33（1）：80-82.

④ 赵传雪，王丽，吴靖，等. 2009. 有限差分波动方程基准面校正方法及其在丘陵地区的应用[J]. 石油物探，48（5）：505-509.

图 3-35 中对比可以看出，频率-波数域波动方程基准面校正的炮记录效果较好，记录中双曲线清晰。证明校正方法正确，其精度取决于近地表速度和层析成像所建立的近地表模型的精度。

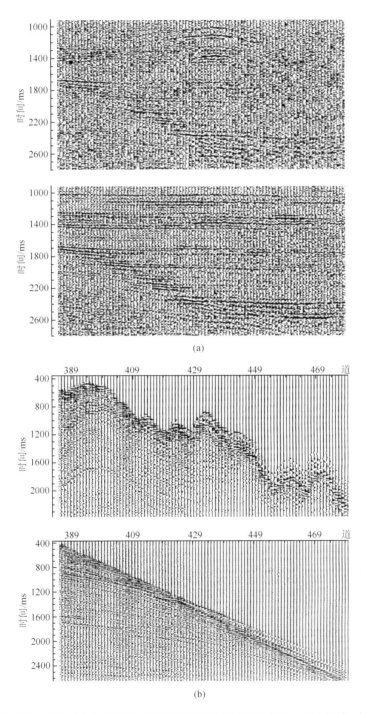

图 3-35 （a）常规叠加剖面（上）及波动方程基准面校正叠加剖面（下）；（b）频率-波数域波动方程基准面校正的炮记录

3.5　剩余静校正

3.5.1　自动剩余静校正

地震数据自动剩余静校正处理常用的方法是模型迭代剩余静校正（miser）方法。通过实践表明，该方法对地震数据适应性较强，计算方法稳定，处理效果好。

1. 其基本原理

模型迭代剩余静校正方法是由 Wiggins 等人[39]提出。该方法的实现需要假设：炮点与检波点的剩余时差与波的传播路径无关，只与近地表结构有关。如图 3-36 所示，地震道剩余时差 t_{ijh}，可用图中 5 个分量之和表示[16,17,36,40]：

$$t_{ijh} = S_i + R_j + G_{kh} + M_{kh}X_{ij}{}^2 + D_{kh}Y_{ij} \tag{3-30}$$

式中，i、j 分别为炮点号和检波点号；h 为反射层号；k 为 CMP 号；S_i 和 R_j 分别表示第 i 号炮点及第 j 号检波点的剩余静校正量，它只与其地面的位置有关；G_{kh} 为反射层 h 界面上第 k 个 CMP 点处的双程垂直旅行时差；M_{kh} 为剩余动校正量算子，$M_{kh}X_{ij}{}^2$ 为相应的剩余动校正量；D_{kh} 为横向倾角算子，Y_{ij} 为 CMP 点在横向方向上偏离测线的距离，$D_{kh}Y_{ij}$ 为第 k 个 CMP 点位置在横向方向上偏离测线所产生的时差。

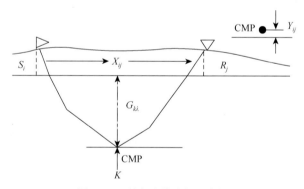

图 3-36　剩余时差分解示意图

2. 实现步骤

反射波模型迭代剩余静校正方法的实现需要三步完成：首先拾取地震波初至时间，计算地震道剩余时差 t_{ijh}；然后对剩余时差 t_{ijh} 进行分解，求出炮点、检波点各自的剩余静校正量；最后将计算的静校正量应用于地震数据道中。

1）剩余时差拾取

计算单个地震道的剩余时差，需要利用该道相邻的多个道集建立模型道，然后进行互相关方法计算得到该地震道的剩余时差。模型道建立得越精确，拾取剩余时差的质量越好。对模型道质量的修正需要使用校正量和参照相关的品质因子 Q_{mkh} 两个参数反复迭代更新获得。

计算步骤如下[13,16,17,36,40,41]。

（1）首先对地震道数据给定一个时窗，在该时窗内，对 CMP 道集中的各道振幅值作归一化处理，将其全部归一到同一个均方根振幅水平。

（2）在给定的时窗内，对第 k 个 CMP 道集进行叠加计算，获得该道集的初步模型道 M_{pkh}：

$$M_{pkh}(t) = \frac{1}{N} \sum_{m=1}^{N} A_{mkh}(t) \tag{3-31}$$

式中，m 为第 k 个 CMP 道集中的道号；N 为第 k 个 CMP 道集中的道数，即覆盖次数；A 为振幅；p 为初始模型道。

（3）利用各原始道 $A_{mkh}(t)$ 与初始模型道 $M_{pkh}(t)$ 进行互相关计算，求得各道的初始剩余时差 t_{mkh}，在给定的时窗长度 L 内，计算相关的品质因子值 Q_{mkh}：

$$Q_{mkh} = \frac{\sum_{L} M_{pkh}(t) A_{mkh}(t)}{\left[\sum_{L} M_{pkh}^2(t) \sum_{L} A_{mkh}^2(t) \right]^{\frac{1}{2}}} \tag{3-32}$$

（4）利用各道的初始剩余时差值 t_{mkh} 和相关品质因子值 Q_{mkh}，对初始模型道 M_{pkh} 进行修正，更新模型道 M_{kh}：

$$M_{kh}(t) = \frac{\sum_{m=1}^{N} W_{mkh} A(t - t_{mkh})}{\sum_{m=1}^{N} W_{mkh}} \tag{3-33}$$

式中，W_{mkh} 为叠加计算时所需的权重系数，其值的确定依据时移后的各道与模型道的相关程度。

（5）重复步骤（3），利用更新后的模型道 $M_{kh}(t)$ 与各道进行相关计算，获得新的剩余时差值 t'_{mkh} 和相关品质因子值 Q'_{mkh}，从而根据式（3-34）确定新的权值系数 W'_{mkh}。

$$W'_{mkh} = Q'_{mkh} \quad \text{或} \quad W'_{mkh} = \frac{Q'_{mkh}}{1 - (Q'_{mkh})^2} \tag{3-34}$$

（6）为了修改各道的剩余时差值 t'_{mkh}，给定一个调整时移量 Δt，其中 Δt 的确定由式（3-35）所示，修改的各道剩余时差值 t'_{mkh} 由式（3-36）所示：

$$\sum_{m=1}^{N} W'_{mkh}(t'_{mkh} + \Delta t) = 0 \tag{3-35}$$

$$t'_{mkh} = t''_{mkh} + \Delta t \tag{3-36}$$

在每个 CMP 道集中，Δt 的值相同，相当于给模型道一个时移，这个时移考虑了各道与模型道的相关程度。为了符号一致，需要满足式（3-37）的关系：

$$Q'_{mkh} = Q''_{mkh} \text{和} W'_{mkh} = W''_{mkh} \tag{3-37}$$

（7）将 t''_{mkh}，Q''_{mkh} 以及 W''_{mkh} 值代入式（3-33），求得每个 CMP 道集的最终模型道 $M_{fkh}(t)$ 值。

（8）利用互相关计算，将最终模型道 $M_{fkh}(t)$ 与 CMP 道集中各道相关，求得各道的剩余时差值 t_{mkh} 和相关品质因子 Q_{mkh}。

以上步骤都是在同一个CMP道集上进行的，要计算相邻的下一个CMP道集中的相关参数值，需按照以下步骤进行。

（1）同以上步骤中的步骤（1）。

（2）将最终模型道$M_{pkh}(t)$与第$k+1$个CMP道集进行互相关计算，求取该CMP道集中各道的剩余时差$t''_{m(k+1)h}$和相关品质因子$Q''_{m(k+1)h}$，建立第$k+1$个CMP道集的初始模型值$M_{p(k+1)h}$

$$M_{p(k+1)h} = \frac{\sum_{m=1}^{N} W''_{m(k+1)h} A_{m(k+1)h}(t-t''_{m(k+1)h})}{\sum_{m=1}^{N} W''_{m(k+1)h}} + 0.01RM_{pkh}(t-\bar{t}) \tag{3-38}$$

式中，$\bar{t}$为各道剩余时差值$t''_{m(k+1)h}$的平均值；R为模型道的记忆系数，该系数决定上一个道集的最终模型道对本道集形成模型道所产生的影响。当品质因子Q值较大时，新道集模型道较精确；当品质因子Q值较小时，模型道几乎无变化。

（3）为求得各道新的剩余时差$t'_{m(k+1)h}$和相关品质因子$Q'_{m(k+1)h}$，将初步模型道$M_{p(k+1)h}$与CMP中各道进行相关计算，将求取的$t'_{m(k+1)h}$和$Q'_{m(k+1)h}$分别代入式（3-35）和式（3-36），得到新CMP道集的最终模型$M_{p(k+1)h}$。

（4）将最终模型道$M_{p(k+1)h}$与CMP道集中各道进行相关运算，求取新CMP道集中各道的剩余时差值$t_{m(k+1)h}$和相关品质因子$Q_{m(k+1)h}$。

依此类推，所有测线上CMP道集中各道的剩余时差t_{mkh}和相关品质因子Q_{mkh}可以依次求出。如定义了多个时窗，则在计算剩余时差的每个时窗内反复做以上所有步骤的工作。对小于k的CMP道集号同样需要做以上所有步骤的工作。

2. 剩余时差分解

按照以上步骤可求出全部测线所有道的剩余时差t_{mkh}和相关品质因子Q_{mkh}。按照Q_{mkh}值的求解过程，对t_{mkh}值进行分解，得到式（3-30）所示的五个分量。

为了求解五个分量，依据误差平方最小的准则建立五个方程，将五个方程结合起来组成一个方程组，并用高斯-赛德尔迭代法求解该方程组，获取五个分量值。

假设每次迭代计算的剩余时差值为t'_{ijh}，并设E为拾取值t_{ijh}和计算值t'_{ijh}之差的平方和，其表达式为

$$E = \sum_{ijh} W_{ijh}(t_{ijh}-t'_{ijh})^2 \tag{3-39}$$

式中，W_{ijh}为权重系数。

要使E值最小，需满足其对每个参数的偏导数等于零，则满足下式：

$$\frac{\partial E}{\partial S} = \frac{\partial E}{\partial R} = \frac{\partial E}{\partial G} = \frac{\partial E}{\partial M} = \frac{\partial E}{\partial D} = 0 \tag{3-40}$$

为求解上述5个分量，利用高斯-赛德尔算法进行多次迭代求解。在实际静校正处理时，只需使用炮点剩余静校正量S_i与检波点剩余静校正量R_j两个量；在每次迭代输出以及最终输出时，对于其他三个分量需做限定和平滑处理[13]。

3. 剩余时差的应用

在实际地震数据资料处理中,将迭代计算获得的炮点剩余静校正量 S_i 与检波点剩余静校正量 R_j 都应用到相应的地震道或记在道头中。

剩余静校正处理方法中计算静校正量的常用方法是迭代法。图 3-37 是西部复杂山地实际地震资料处理的一条叠加剖面。图 3-37(a)是做剩余静校正处理前的叠加剖面,图 3-37(b)是做剩余静校正后的叠加剖面,对比两幅图可以看出,经剩余静校正处理后获得的叠加剖面成像质量得到了提高[42]。

需明确的是,实际地震资料存在信噪比极低的情况,做剩余静校正处理可能会严重影响速度分析与模型道的质量,此时需对地震资料做多次剩余静校正处理,但需注意,每进行新一次的静校正处理,必须在前一次剩余静校正后的地震数据上进行,同时对地震波速度进行更新,利用新的速度值再进行新一轮的剩余静校正。地震数据中的剩余静校正量与速度分析相互制约,相互影响。因此,在实际地震资料处理时,需对剩余静校正以及速度分析进行多次迭代处理[13,16,36]。

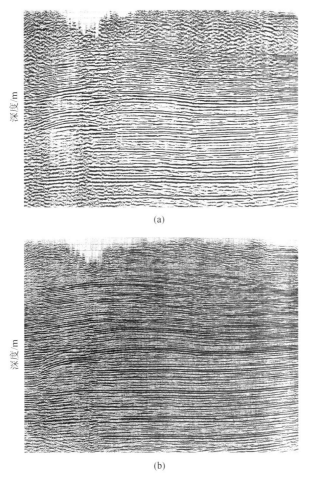

(a)

(b)

图 3-37 应用剩余静校正处理前(a)、后(b)的叠加剖面对比

做剩余静校正迭代计算时，需要考虑迭代计算的截止条件。一般情况下，迭代计算停止在时窗合理、速度准确、静校正误差收敛于零时。但在构造复杂区，速度横向变化剧烈，具有多解性。速度的选取不准确会造成静值收敛于零，同样造成静值的多解性。这时需要地质认识的介入或叫约束。

3.5.2 自动剩余静校正（模拟退火）

3.5.1 节阐述的模型迭代剩余静校正法又称为线性旅行时反演法，该方法的前提是求解的剩余校正量需满足高斯分布[43~45]。在地震数据处理时，可能会出现周波跳跃（cycle skipping）或记录大跳（leg jumping）等大静校正量现象，这将导致目标函数陷入局部极小的情况，从而得不到全局最优解，采用非线性反演方法可解决此问题，非线性反演方法主要有模拟退火法（simulate annealing algorithm）和生物遗传法（genetic algorithm）。国内外对此有不少的研究[45~51]，其中，模拟退火法是被公认的比较有效的剩余静校正方法，该方法主要依据的是目标函数最小化方法。

1. 基本原理

目标函数最小化方法为直接反射波静校正法，可使叠加能量达到最大，输入的数据为动校正后的道集数据，依据地表一致性原则，计算炮点静校正量和检波点静校正量[13,16,17]。

依据地表一致性原则，定义目标函数 E，其表达式为

$$E[\{S_i\}, \{R_j\}] = -\frac{1}{M}\sum_i\sum_j\sum_t \frac{1}{\sqrt{N}} d_{ij}(t + S_i + R_j) y_{ij}^k(t) \tag{3-41}$$

式中，S_i 为炮点站号 i 处的炮点静校正量；R_j 为检波点号为 j 处的检波点静校正量；d_{ij} 为炮点站号为 i，检波点号为 j 的地震道；N 为归一化常量，可表示为

$$N = \left\{\sum_t [d_{ij}(t + S_i + R_j)]^2\right\}\left\{\sum_t [y_{ij}^k(t)]^2\right\} \tag{3-42}$$

式中，$y_{ij}^k(t)$ 表示地震道 d_{ij} 之外的 3 个相邻 CMP 处（$k-1, k, k+1$）的叠加道的加权相加，表达式为

$$y_{ij}^k(t) = \sum_{n=k-1}^{k+1} w^n y_0^n(t) - d_{ij}(t) \tag{3-43}$$

式中，w^n 为权系数。

目标函数最小化方法是建立在以下的基本事实上：当叠加能量（振幅的平方和）达到最大值时，计算的炮点静校正值与检波点静校正值达到最佳，即式（3-41）目标函数的解达到最小[16,17,41]。

分子动力学模拟退火方法、多重一维最小化方法、蒙特卡罗模拟退火方法是目前较常用的三种方法[16,17]。

1）分子动力学模拟退火静校正方法

分子动力学模拟退火静校正方法是模拟自然界的结晶过程。如果一种材料加热到熔点，然后让它慢慢冷却结晶，当原子的总能量达到完全最小化后，材料变成固体。在此过程中，每个原子重新定位，直到相邻原子之间的作用力变成零为止。

可以把静校正问题看作是大量粒子之间相互作用的一维系统，每个炮点或者检波点当作是粒子的质量，系统的势能就是目标函数，静校正时移看作是粒子的坐标，这样静校正问题就转化成寻找虚拟固体状态粒子系统的平衡结构问题。

分子动力学模拟退火的拉格朗日（Lagrange）算式为

$$L = \sum_i \frac{1}{2} m \ddot{s}_i^2 + \sum_j \frac{1}{2} m \ddot{r}_j^2 - E[(s_i),(r_j)] \tag{3-44}$$

可以求出：

$$m \ddot{r}_j = -\frac{\partial E}{\partial r_j}, \quad m \ddot{s}_i = -\frac{\partial E}{\partial s_i} \tag{3-45}$$

式中，m 为任意值，类似于粒子的质量。

解这种运动等式可应用简单的 Verlet 算法，时间步长为 0.05ms。在一次迭代里，"访问"每个"粒子"，并且计算每个"粒子"的作用力，当相互作用力不是零时，"粒子"根据运动等式沿着作用力的方向移动。也就是说，把所有炮点与检波点静校正时移都求解一次，就完成了一次迭代。

一旦新的静校正时移在每次迭代后由运动等式导出，桩号上的各道与叠加道通过时移采样而被修改，时移通过拉格朗日五点内插公式完成，同时目标函数、归一化等式、时间导数也被修改，这种步骤在所有桩号上都要实现一次，就完成了一次迭代；当达到用户指定的最大迭代次数，或者目标函数值小于用户指定的收敛极限值时计算停止，炮点与检波点静校正量就被输出。

2）多重一维最小化方法

目标函数在多维空间里是一个曲面，在正常情况下，用共轭梯度方法最小化目标函数是非常困难的，然而假设地震数据的炮点与检波点静校正量为目标函数，在此情况下，应用一维最小化方法就能够实现目标函数的最小化处理。

随机地选取一个炮点站号，如果这个站号的炮点静校正量以外的其他静校正量都是固定的，目标函数就仅有一个变量。这个炮点静校正量可通过一维黄金分割法[52]实现目标函数最小化。当某个站号的静校正时移被确定后，这个站号上的所有道和它们的叠加道被时移，即这些道被修改，然后下一个站号的炮点静校正时移通过上面所说的一维最小化方法求得，当所有站号上的炮点与检波点静校正时移被计算出来后，就完成了一次迭代。当目标函数收敛在指定的范围内，或者迭代次数达到指定的最大次数后，运算停止，炮点与检波点静校正量就被输出。

3）蒙特卡罗模拟退火方法

蒙特卡罗模拟退火方法是用物理系统的能量变化过程模拟目标函数的优化（最小化）问题，建立在统计力学的基础上，统计力学的基本研究结果就是给出一个处于热平衡的系统在某一已知的状态时的概率。对于热平衡系统，吉布斯分布函数描述了系统的期望变化，该变化既可增加能量，也可减少能量。

　　蒙特卡罗模拟退火方法应用 Metropolis 算法实现目标函数最小化，目标函数定义成叠加能量的负值。人们都知道，相同线性关系的静校正得到同样的叠加能量，为了避免这种随机性，在等式（3-41）中给出修改后的叠加能量的负值，这个负值即为目标函数。

　　任意地选取一个炮点站号，首先选取一个任意的静校正时移量，如果这个静校正时移量使得目标函数值减小，这个时移量就被作为这个炮点站号新的静校正值；如果这个静校正时移量使得目标函数值增大， Boltzman 因子 $p(\Delta E) = \exp(-\Delta E / KT)$ 就被计算出来，这里 ΔE 是目标函数的改变量，K 是 Boltzman 常量，T 是系统的温度。可以借助一个在 0 与 1 之间均匀分布的随机数 a，实现按概率接收新的静校正量。若 $a \leqslant p(\Delta E)$，a 就被作为新的静校正时移量，否则，静校正时移量保持不变。

　　这种处理过程对所有炮点与检波点都完成了一次迭代，然后根据退火进度测量一次系统的温度，系统温度的降低是非常慢的，当目标函数的变化量可忽略不计时，才完成迭代计算，炮点与检波点静校正量被输出。

2. 应用效果

　　图 3-38 是一条某地区的二维地震剖面，其中上图是应用 miser 剩余静校正的叠加剖面，下图是应用模拟退火剩余静校正的叠加剖面，可见，反射同相轴连续性增强，信噪比提高，资料品质得到进一步改善。图 3-39 是不同剩余静校正处理 CMP 道集的效果对比，图 3-40 是叠加的剖面的比较。

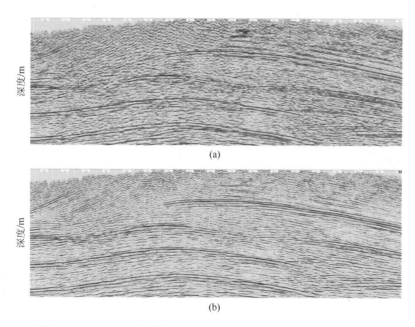

图 3-38　miser（a）与模拟退火（b）自动剩余静校正叠加剖面对比

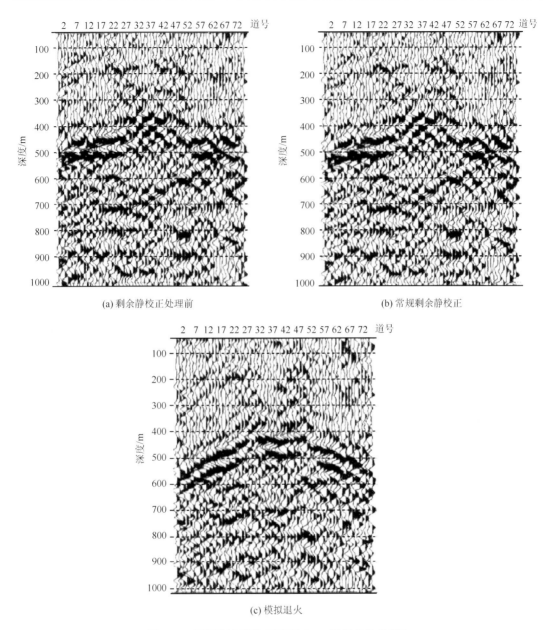

图 3-39 不同剩余静校正处理 CMP 道集的效果对比

3. 小结

在目标函数的三种最小化方法中，计算效率最高的方法为分子动力学模拟退火方法，计算效率最低的是蒙特卡罗模拟退火法。对于信噪比不同的地区，三种方法的处理效果也不同：在信噪比相对较高的数据处理中，三种方法的处理效果基本相同；对于信噪比较低的数据，三种方法的处理效果还不能确定，主要是因为三种方法对数据的适应性不同。

对于模拟退火静校正方法，需要通过多次迭代完成目标函数的收敛。想要得到较理想的效果，必须要求目标函数收敛[16, 17]。

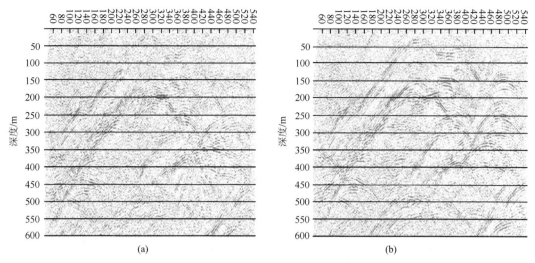

图 3-40　不同剩余静校正的叠加剖面对比

（a）常规剩余静校正；（b）模拟退火剩余静校正

在应用中应采取模拟退火与 miser 相互配合：①在正确的速度，与 miser 处理相比，模拟退火法统计能力强，同相轴更光滑，回转更清楚，小断层依然存在。②不同速度有不同结果，可见，用退火法关键在速度的求取和判断。也可以反复迭代速度，但耗机时太大，不能常规应用。③低 S/N 同样制约其统计能力。因此，一般情况下，可用常规 miser 迭代求取速度，在速度正确的情况下，再用模拟退火法做一遍即可（注：做退火时不必把 miser 静校正量代入）。

3.5.3　分频剩余静校正

1. 问题的提出

当折射层很不稳定时，折射波不易追踪，其剩余静校正量较大。现在的一些剩余静校正方法，当静校正量较大时，往往会产生周期跳跃现象，严重影响地震剖面的质量。分频静校正可使静校正的精度有明显提高。

2. 原理

频率成分不同，静校正处理的精度也不同。在相邻频带区，频率会出现重合，在该区进行静校正处理时，采用分频技术，可保证高频成分的静校正处理精度，还可以防止周波跳跃[40]。

首先，根据近地表复杂程度，考虑使用高程静校正还是折射波静校正，当地表较复杂时，同时作高程静校正和折射波静校正；当近地表不太复杂时，只需作高程静校正。其次，计算静校正量时最好使用地震数据记录的低频段，因为在该低频段允许静校正量计算的误差范围较大，可计算出较大的静校正量。最后，按照从低频段到高频段逐次分别计算静校正量，可将在高频段计算的静校正量看作是在低频段计算的静校正量的微调，可以避免周波跳跃的现象[40]。

傅氏变换梯形滤波器以及小波变换是常用的两种分频工具。若利用梯形滤波器，要求两个斜边倾角大一些，且一部分需重叠；小波变换技术的关键是选好小波基，使得在低频剖面部分与高频剖面部分连续，从而避免周波跳跃现象。在给定的频段范围内，对地震数据作静校正处理，计算静校正量，然后作速度分析和动校正，为下一频段计算剩余静校正量打下坚实的基础。这个过程是一个逐次逼近最优解的过程[40, 41]。

3.5.4 共地面点多域迭代剩余静校正法

1. 方法理论

共地面点剩余静校正方法应用在常规剩余静校正方法不易解决的大剩余静校正量和低信噪比地区的剩余静校正量求取中，适用于纵波和转换波剩余静校正量的计算。

共地面点多域迭代算法（图 3-41）的核心即剩余静校正在共炮点域、共检波点域、共中心点域进行计算，这样做有以下两个方面的优势。

（1）共炮点道集和共检波点道集作为模型道，保证了覆盖次数即模型道的准确性；同时，单独在共炮点道集中求取检波点校正量或在检波点道集中求取炮点校正量可避免当剩余校正量过大时互相关法不准确的现象。

（2）在共中心点道集域进行微调，使 CMP 道集同相轴对得更齐、更直，更好地解决没有处理好的部分较小剩余静校正量。

在实际应用地震数据静校正处理中，炮点与检波点剩余静校正量的计算分别是在共炮点域或共检波域中进行。计算时需保证迭代次数足够多，从而保证叠加能量能收敛于最大值。在实际地震数据静校正量计算过程中，可通过给定最大迭代次数以及合理的收敛标志等手段进行综合判断。例如，设静校正量计算的最大迭代次数为 100，叠加能量增量小于总能量的 0.1%（此为收敛标志）。在迭代计算过程中，同时满足以上两个条件时，计算结束。当地震数据信噪比低时，计算的迭代次数增加，可避免计算的无止境循环。当地震数据信噪比较高时，迭代次数可设定为较小值就可以达到收敛[53]。

共炮点和共检波点域计算得到检波点和炮点剩余静校正量后，可以将静校正量应用到 CMP 道集中，再在 CMP 道集中应用剩余静校正算法，可以进一步改善成像结果。其处理流程如下。

（1）对应用过基准面静校正的数据进行动校正（或动校正后的数据加入基准面静校正量）；

（2）进行道集抽取，抽取出共炮点记录、共检波点记录和共中心点（共转换点）记录；

（3）在共炮点记录中求取检波点的静校正量，其计算方法可采用统计相关法等；

（4）在共检波点记录中求取炮点静校正量；

（5）将求取的炮点和检波点静校正量应用到 CMP 道集记录中，在 CMP 道集中应用常规的剩余静校正方法求取炮点和检波点的剩余静校正量。

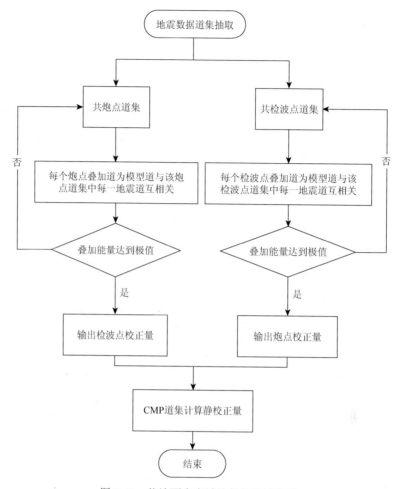

图 3-41 共地面点多域迭代处理流程图

该流程的特点如下。

（1）借鉴了最大能量法的优点，并采用了慢速扩展相空间、极值算法的思想等，保证了最大能量法的应用潜力。

（2）采用了多道及全方位混波的模型道优化法，提高模型道质量，增强互相关函数的抗噪能力，提升寻优搜索效率。

（3）采取了叠后拾取时窗及灵活地限制最大炮检距的办法，避开了共地面点法的劣势。

（4）采取了多地面点中值空间滤波及方差最小化空间滤波法，使炮、检点之间相互约束，从而避开了"零空间"现象的发生。

2. 实际资料测试

选取某地区一条二维地震测线进行效果测试。该测线炮点数为 412，检波点数为 2182，采样间隔为 2ms，记录长度为 2s。图 3-42（a）为野外一次静校正处理后的 CMP 叠加剖面，可以看出，在时间深度 800~1000ms 深处有一强反射界面；根据图 3-42（b）中拾取的层选择计算时窗，该时窗以蓝色线为中心，上下各 100ms，在该范围求取静校正量，其计算范围为±60ms；图 3-42（c）是通过地面点多域迭代计算后的叠加剖面，从图 3-42（c）中标注的红色框中可知，剩余静校正计算效果较好，且避免了周波跳跃和窜相位的现象。

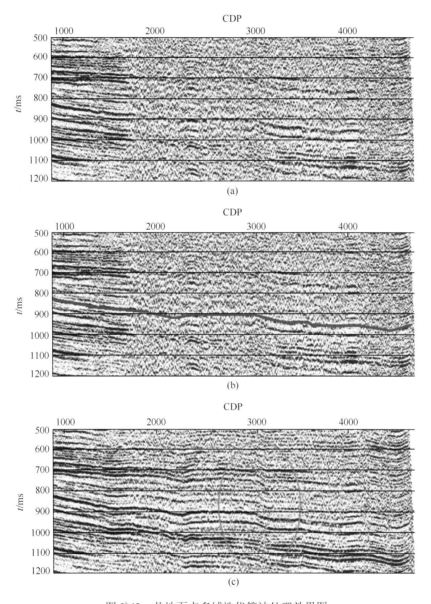

图 3-42 共地面点多域迭代算法处理效果图

（a）野外一次静校正处理后；（b）手动拾取层位选择计算时窗图例；（c）共地面点多域迭代法

4 去噪技术

提高地震数据的信噪比是地震数据处理的重要步骤,也是高分辨率与高保真度处理的重要环节。本章将介绍近些年发展起来的压制噪声的新方法。

4.1 噪声的分类

根据噪声的规律性分为规则噪声与非规则(随机)噪声两大类[17, 54, 55]。

4.1.1 随机噪声

随机噪声频带较宽、传播方向不固定。其来源可分为三大类:第一类是由风吹草动、人为等因素引起的地面微动;第二类是由仪器引起的噪声;第三类是激发地震波时所产生的不规则噪声[54],包括介质的非均匀性引起的弹性地震波的散射以及来自各方向上相位无规律变化引起的干扰波等。在水塘、沙漠、砾石和黄土覆盖等特殊地表条件下,这三类噪声比较严重。根据噪声的随机性,可分为两大类:一类是频带宽、能量分布均匀的背景噪声;另外一类是频带宽、能量分布不均匀的异常振幅干扰[54]。

在地震记录中随机噪声表现为杂乱无章的振动,其频谱很宽,无一定视速度,很难利用其与有效波在频谱或传播方向上的差异来对其进行压制。

4.1.2 规则噪声

这是一种有一定主频和视速度的噪声,主要包括五类。

1. 面波

通常面波的频率在 20Hz 以下,视速度一般为 100~2000m/s,常见的速度范围为 500~1000m/s(视速度的高低与近地表结构有关)。面波的时距曲线是直线,在小排列(100~150m)的波形记录中,面波同相轴是直线型的。随着地震波传播距离的增大,面波振动的时间变长,在地震记录上形成"扫帚状",即发生散射现象[54]。地震波激发岩性、激发深度以及表层地震地质条件影响面波的能量。在低速带较大的地区,地震波能量受到地层介质吸收影响,有效波能量逐渐降低,而面波能量相对较强;在疏松的低速岩层中激发地震波或所用药量过大时,地震波激发频率相对增强;炮井浅时面波较强[54]。

2. 交流电干扰

在设计观测系统时,地震测线可能会通过有高压电线的区域,当地震测线经过高压线时,受 50Hz 工业电流感应的影响,会对采集的地震数据产生影响,其影响范围仅局限在高压线附近，通常只影响地震数据的若干道，其位置满足地表一致性规律，强度可能是有效波的许多倍[54]。

3. 声波

在激发条件为坑、浅水池、河和干井等条件时，激发地震波的同时会产生剧烈的声波干扰。声波在空气中以弹性波的形式传播，其速度为 340m/s，频带范围较宽。在山区激发地震波时，还会产生多次声波的干扰[54]。

4. 浅层多次折射波

浅层多次折射波干扰主要产生在表层结构存在高速层或第四系下面的老地层埋藏浅时的地质条件下。

5. 次生干扰波

激发产生的反射波、面波或各种折射波等地震波传播到地面上时，地表存在的不均匀体或地面障碍物受到激发，地面产生振动从而产生干扰波。受频率成分的影响，次生干扰波与有效波在频率域中不易分离，次生干扰波与有效波在视速度或视波场上有重合部分，出现的位置可能在整个地震记录中[54]。

针对噪声的种类以及产生的原因，压制噪声的方法应该与之对应，在压制噪声时要坚持保证有效信号不受损害的原则，这是对地震资料作保真处理的关键。

4.2 压制随机噪声

4.2.1 利用多项式拟合提高地震数据的信噪比

在 1988 年，俞寿朋先生依据利用信号横向相干性提高地震数据信噪比的原则，提出一种在叠加剖面上对信号作多项式拟合来加强信号的方法。该方法假设地震记录的信号在各道的波形相同，用相位时间、振幅和公共波形表征信号参数。在实现该方法时，首先要选取信号时窗，并利用互相关计算确定信号的时间多项式；然后用最小二乘法确定此窗口的信号振幅多项式，从而确定信号的期望波形，在每个选取的信号时窗内重复以上计算，获取信号剖面的参数集，这表明每个信号时窗内包含三个参数，即为两个多项式的系数与一个期望波形；最后用获得的参数集合成信号剖面[56]。

1. 信号多项式拟合的可能性

地震资料在做常规处理前，地震信号是连续信号。只要地下介质存在波阻抗反射界面，就会有反射信号被记录，且每个反射点反射回来的地震信号的分布范围很广，对于杂乱的反射点，反射信号仍然呈现一定的规律[57~59]。要想在地面坐标中用数学多项式的关系表示反射信号的各个参数，就必须要求反射信号的各个参数（包括振幅、波形横向变化、相位时间等）是光滑的，且数值不是很大。基于此条件，对于任何信号，无论规则还是不规则，都可用前一道记录的信号多项式来表示当前道信号多项式。受地震资料信噪比的影响，在实际地震资料处理中，始终存在误差。并不是所有的地质现象都要用多项式表示，对于一些较简单的地质现象，可用低次多项式拟合。例如，一次多项式可表示界面为平面的反射信号的相位时间；二次多项式可表示向斜、背斜等凹凸界面反射信号的相位时间；对于断层构造，一般可用三次多项式或四次多项式表示反射信号的相位时间。利用数值方法拟合反射信号多项式，使其多项式的阶数降低，可减少观测误差，且能较好地反映地下构造特征[17,55,56,60~62]。

为了避免反射信号多项式阶数太高，在处理时选取一个合适的窗口，在这个窗口内，仅需使用三次多项式拟合反射信号多项式即可。

在给定的时间窗口内，假设信号的波形不变，该信号的波形表示时窗内的主要信号，不会造成太大误差。对于偏离主要信号的反射信号，其能量较弱，且波形存在较大的变化，但对剖面的影响很小[17, 55, 56, 60, 61, 62]。

2. 信号相位时间拟合

将叠加剖面划分为许多窗口，给定一个设定次数的多项式，让它满足两个窗口中的相位时间。假若在给定的窗口中，记录道数为 $2N+1$，采样点数为 $2L+1$，每个窗口中都有一个重心，在时间方向上，相邻窗口的重心的时间间隔为 L 个样点，空间方向上，空间间隔为 N 道。此处提到的"重心"表示的是当窗口的形状随信号的形状而变化时，窗口中始终不会发生变化的位置[56]。

在设定的时窗中，点时间多项式可表示为

$$T(x) = t_0 + t_1 x + t_2 x^2 + t_3 x^3 + \cdots \tag{4-1}$$

式中，x 表示道序号，在时窗范围内 x 的取值范围为 $[-N, N]$；$t_0, t_1, \cdots$ 为系数。

对于时间范围，其区间为 $[T(x) - L, T(x) + L]$。

窗口的形状依赖于式（4-1）中的系数。在窗口中，对数据 $S(x, t)$ 进行多道归一化互相关计算，其表达式为[56]

$$\Phi(t_0, t_1, t_2, \cdots) = \frac{\sum\limits_{l=-L}^{L} \left\{ \left[\sum\limits_{x=-N}^{N} S(x, T(x) + l) \right]^2 - \sum\limits_{x=-N}^{N} S^2(x, T(x) + l) \right\}}{2N \sum\limits_{l=-L}^{L} \sum\limits_{x=-N}^{N} S(x, T(x) + l)} \tag{4-2}$$

将利用式（4-2）得到的所有互相关值逐一进行比较，确定互相关最大值，与该最大值相对应的系数 $t_0, t_1, t_2, \cdots$ 也因此确定，从而确定了信号窗口的形状，亦即确定了信号的期望相位时间多项式。

从式（4-1）可见，窗口的重心随着系数的改变而改变，且计算量也随之增加，从而导致互相关计算值的比较没有实际意义。

为此，把式（4-1）改写成：

$$T(x) = u_0 P_0(x) + u_1 P_1(x) + u_2 P_2(x) + u_3 P_3(x) + \cdots \tag{4-3}$$

式中，$u_0, u_1, u_2 \cdots$ 为系数；$P_0(x), P_1(x) \cdots$ 为互相正交的多项式，它们符合条件：

$$\sum_{x=-N}^{N} P_k(x) P_l(x) \begin{cases} = 0, & k \neq l \\ > 0, & k = l \end{cases} \tag{4-4}$$

令

$$P_0(x) = 1 \quad 和 \quad P_k(x) = x^k + \sum_{m=0}^{k-1} C_m^{(k)} P_m(x) \tag{4-5}$$

就可建立正交多项式系，此处列出 $k = 0 \sim 3$ 的正交多项式如下：

$$\begin{cases} P_0(x) = 1 \\ P_1(x) = x \\ P_2(x) = x^2 - \dfrac{1}{3} N(N+1) \\ P_3(x) = x^3 - \dfrac{1}{5} (3N^2 + 3N - 1)x \end{cases} \tag{4-6}$$

当道数确定了，信号多项式也就确定了，此时式（4-1）可用式（4-3）来替换，窗口重心可表示为 $(0, u_0)$，由于 u_0 已知，依次对 $u_1, u_2, \cdots$ 进行扫描计算。当扫描 u_1 时，假设 $u_2, u_3, \cdots = 0$，取所有计算得到的 u_1 值中最大值作为 u_1 最终值。按照此方法，依次扫描计算 $u_2, u_3, \cdots$，这样在保证窗口重心不变的情况下，可提高计算效率。

在信号扫描搜索过程中，窗口的形状随 u 值的系数 $t_0, t_1, t_2, \cdots$ 的变化而变化。期望信号的窗口由扫描搜索过程中确定的窗口形状而确定[56]。

3. 信号振幅拟合与信号期望波形

当通过扫描确定信号窗口后，在确定的信号窗口内计算各道的均方根振幅，并利用最小二乘数值计算方法求解振幅多项式的系数 $a_0, a_1, \cdots$，如式（4-7）：

$$A(x) = a_0 + a_1 x + a_2 x^2 + a_3 x^3 + \cdots \tag{4-7}$$

的系数 $a_0, a_1, \cdots$。

为解决由于多项式次数高引起的方程系病态问题，将式（4-7）改写成式（4-8），如果式（4-8）中多项式次数较高，为了避免方程系病态，也可将式（4-7）改写成 $b_0, b_1, \cdots$，同样由最小二乘数值方法确定。

$$A(x) = b_0 P_0(x) + b_1 P_1(x) + b_2 P_2(x) + b_3 P_3(x) + \cdots \tag{4-8}$$

为得到各窗口范围内信号的期望波形，在各窗口范围对各道数进行相加、缩放、均方根振幅归一化处理。与原始数据相比，经此步骤处理后的期望波形的信噪比有所改善，大约是原始数据信噪比的 $(2N+1)^{1/2}$ 倍，因为信号时间的函数拟合为非直线拟合，允许的窗口范围内的道集数多[56]。

振幅拟合时消除了不规则变化，保持了各道振幅的规则变化，所以对空间分辨率不会有明显的损害。

4. 期望信号剖面

按照以上步骤，每个窗口中函数多项式系数和信号期望波形均可确定。利用求取的多项式系数以及期望波形合成期望信号剖面。即信号时间以及振幅可通过每一道在窗口中的位置计算获得，然后将信号振幅与期望波形相乘，最后将所获得的结果放在时间位置上，并利用斜坡加权平均的方法对相邻窗口的重叠部分的数据进行处理，最终处理获得的结果即为期望信号剖面[56]。

在每个窗口中，通过以上步骤的计算，只确定了一个优势信号，但从期望信号剖面中可以看出，每个样点依据窗口形状的不同可涉及多个窗口。总体上看，平均涉及四个窗口。在对数据进行处理时，重叠部分的信号有可能会丢失，为避免这一问题，可在每个窗口中确定不同的优势信号。而在合成期望信号剖面采用加权平均的方法，则有效地减少了期望信号剖面形态突变的样本[56]。

在给定的每个窗中，并不是所有的窗口均有信号，而在计算时，却对每个窗口均做了信号检测，这样会导致在做归一化处理时互相关值变小。为避免该情况的发生，可在合成期望信号剖面时设定一个门槛值，也可利用振幅的加权方法对互相关值进行处理[56]。

为满足解释人员对期望信号剖面解释的需要，通常需在期望信号剖面中加入一定的背景噪声。可利用混波法加入一定比例的原始剖面，但这样会降低剖面的信噪比。

4.2.2　*f-x* 域中随机噪声衰减

基于线性预测原理与随机噪声不能预测的原理，*f-x* 域中随机噪声衰减方法可预测叠后剖面中的线性同相轴，可有效地将有效信号与噪声分离，提高剖面信噪比。在该方法运用中，首先要求取滤波因子，可通过复数维纳滤波法实现，然后利用褶积运算对原始数据进行处理，达到去噪效果，提高信噪比[17,63,64]。

1. 方法原理

设子波为 $w(t)$，其傅里叶变换为 $w(f)$；叠后剖面中的道间距为 Δx，某一线性的同相轴的斜率为 k，则对于相邻第 n 道的记录可写为 $w_n(t) = w(t - kn\Delta x)$，其傅里叶变换为 $w(f) = \mathrm{e}^{-ikn\Delta x 2\pi f}$。如果把第 1 道的频谱记为 $W_1(f)$，那么对于某一给定频率 f，其他各道的频谱为[63, 64]

$$第2道\, W_2(f) = W_1(f)\mathrm{e}^{-ik\Delta x 2\pi f}$$
$$第3道\, W_3(f) = W_1(f)\mathrm{e}^{-ik2\Delta x 2\pi f}$$
$$\vdots \qquad\qquad \vdots$$
$$第n+1道\, W_{n+1}(f) = W_1(f)\mathrm{e}^{-ikn\Delta x 2\pi f}$$

写成复数系的 Z 变换形式，有

$$H(z) = \sum_{n=1}^{} W_1(f)\mathrm{e}^{-ik(n-1)\Delta x 2\pi f} z^{n-1} = W_1(f) \sum_{n=1}^{} \mathrm{e}^{-ik(n-1)\Delta x 2\pi f} z^{n-1} = \frac{W_1(f)}{1 - \mathrm{e}^{-ik\Delta x 2\pi f} z} \tag{4-9}$$

显然，这是一个二阶的 AR 模型，其可预测性是不难理解的，即有

$$W_{n+1}(f) = W_n(f)\mathrm{e}^{-ik\Delta x 2\pi f} \tag{4-10}$$

由于这种滤波器只能预测单一斜率的同相轴，而不能同时预测具有不同斜率的多个同相轴，为了解决此问题，通过加长滤波算子长度的近似算法来解决。

设剖面上的同相轴有 M 组，其视速度以及子波形状各不相同。在某一频率 f 的空间上，其各道的频谱可通过 Z 变换获得，其形式为

$$H(z) = \sum_{j=1}^{M} \sum_{n=1}^{M} W_j(f) e^{-ik_j(n-1)\Delta x 2\pi f} z^{n-1} = \sum_{j=1}^{M} W_j(f) \sum_{n=1}^{M} e^{-ik_j(n-1)\Delta x 2\pi f} z^{n-1} = \sum_{j=1}^{M} \frac{W_j(f)}{1 - e^{-ik_j \Delta x 2\pi f} z}$$

（4-11）

该模型称为 ARMA 模型，虽然其由 M 个二阶 AR 模型并联组成，但其不能用有限阶的 AR 模型预测。在理论上，按照加长滤波算子长度的近似算法，可取因子无限长时对 ARMA 模型进行逼近计算[63,64]。

求解预测算子 $\text{op}(f,x)$，可用复数维纳滤波的方法。在某一频率 f_0 空间上，假设 $s(f,x)$ 为原始记录，则预测误差能量 $E(f_0)$ 为

$$E(f_0) = \sum_x \left[\sum_{i=1} S(f_0, x-l) \text{op}(f_0, l) - S(f_0, x) \right] \left[\sum_{i=1} S(f_0, x-l) \text{op}(f_0, l) - S(f_0, x) \right]$$ （4-12）

依据误差能量最小的原则，求解出预测误差因子 $\text{op}(f_0, l), l = 0,1,2,\cdots,N$，在计算过程中，因子长度通常取 5～11 个点。通过褶积运算，将上述因子与频率道分别进行褶积，即可求得所要求的输出结果。

2. 倾角滤波与自适应增强

通过前面的讨论可知，在实际计算中，因子的长度达不到无限长的要求，多点滤波器处理多个斜率的同相轴无法获得理想的效果。并且，因子长度的加长还会造成其他各方面的问题。为避免以上问题，将滤波因子由一维扩展到二维，即称为倾角滤波器。该滤波器将剖面上具有多个斜率的同相轴分解为具有单一斜率的同相轴，并对单一斜率同相轴输出进行 $f\text{-}k$ 域线性预测，最后将所有预测的结果相加，得到最终的输出结果[63,64]。

倾角滤波因子可在 $f\text{-}k$ 域和 $f\text{-}x$ 域相互变换，并与 $f\text{-}k$ 域预测算子合并，进行褶积运算，该种方法可以提高计算效率。利用 $f\text{-}k$ 域的扇形滤波器，计算时只重叠半个扇形窗，此时倾角滤波器的二维谱的幅值变为 1，用相邻道的时差 DIP_1 与 DIP_2 表示滤波器的范围，则有[63, 64]

$$k_1 = \frac{\text{DIP}_1}{\Delta x} w \quad 和 \quad k_2 = \frac{\text{DIP}_2}{\Delta x} w$$ （4-13）

由 (f,k) 域变换到 (f,x) 域，有

$$F(w, m\Delta x) = \int_{k_1}^{k_2} e^{ikm\Delta x w} dk = \frac{\sin\left(mw\dfrac{\text{DIP}_1 - \text{DIP}_2}{2}\right)}{M} \left[\cos\left(mw\dfrac{\text{DIP}_1 - \text{DIP}_2}{2}\right) \right.$$
$$\left. + \sin\left(mw\dfrac{\text{DIP}_1 - \text{DIP}_2}{2}\right) \right]$$ （4-14）

其中，m 为 $-N \sim N$。

依据有效信号可预测、随机信号不可预测的原理，倾角滤波与 $f\text{-}x$ 域线性预测方法均可用于处理含有多组斜率的同相轴数据，对于每一个频率成分，其信噪比的高低可通过误差信号的大小来判断：预测误差大，与之对应的信噪比低；相反，信噪比高。滤波处理的目的是提高信噪比。因此，可通过利用预测误差值对预测值进行自适应加权处理的方法提高信噪比的频率成分，从而进一步压制原始随机噪声，并同时压制预测过程中引入的随机

噪声，达到提高信噪比的目的[63,64]。

3. 实现步骤

（1）对各道进行傅里叶变换处理，由 t-x 域转换成 f-x 域。

（2）将频率-空间排列矩阵通过转置运算，变为空间-频率排列矩阵。矩阵中一个频率对应一个道，道内每一个样点对应每一个空间位置。

（3）按照要求，分析是否需要做带通滤波处理。

（4）做倾角滤波与线性预测滤波处理。在给定的扇形范围内，利用倾角滤波的增量，把所有的倾角滤波结果与线性预测滤波结果进行叠加处理，最后对预测值进行自适应加权处理。

（5）进行矩阵转置运算和反傅里叶变换运算。

对测线进行处理时，有时需对测线进行分段，对于分段重置部分可按线性内插混波法进行处理。分段长度依据滤波因子的长度进行确定，其确定原则是分段长度大于四倍因子长度。

4.2.3　f-x 域 EMD 滤波法去随机噪声

f-x 域 EMD 滤波法需要尽可能多地构造线性模型，构造线性模型使用窗口滑动法。该法与 f-x 域反褶积法相比，数据的傅里叶变换过程基本一致，不同的是 EMD 滤波法在 f-x 域内对频率的操作不同。第一，f-x 反褶积法的滤波长度对不同的频率均是相同的，而 EMD 滤波法对测线分解处理时，不需要做数据的平滑自动匹配。因此，针对频率分量的不同，可采用不同的滤波方法。第二，f-x 反褶积滤波法无法适应频率横向变化的情况，而 EMD 法对测线进行了分解处理，具有较好的局部特征，能适应频率横向变化[63, 65]。分别利用两种方法对实际资料进行处理，其结果如图 4-1 和图 4-2 所示，对比可看出，f-x 域 EMD 滤波法处理效果比 f-x 域反褶积滤波法处理效果更好。

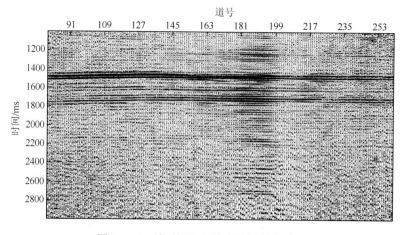

图 4-1　f-x 域反褶积方法去随机噪声剖面

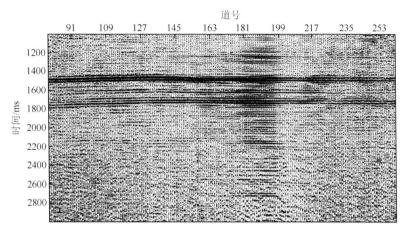

图 4-2 *f-x* 域 EMD 滤波法去随机噪声剖面

4.2.4 异常振幅噪声的分频压制

原始地震数据中常存在着各种各样的干扰,猝发脉冲与异常振幅噪声都给叠前多道处理带来极其不良的影响（如地表一致性振幅补偿、统计子波反褶积等）；而叠前多道滤波与多道相干性处理又都存在着某些固有的缺陷。该方法按照"多道识别,单道处理"的思路, 压制叠前噪声, 在实际工区中的应用效果较好[66,67]。

该方法对异常振幅噪声的识别利用的是加权中值处理技术。设 $X(i,j)$ 为一组地震道,首先求出包络 $A(i,j)$, 然后在道方向上求取 $A(i,j)$ 的加权中值,检测噪声准则 $I(i,j)$ 可表示为

$$I(i,j) = \begin{cases} \dfrac{A(i,j)}{M(i,m)\alpha}, & A(i,j) > \text{thr}(i,j)M(i,m) \\ 1, & A(i,j) \leqslant \text{thr}(i,j)M(i,m) \end{cases} \tag{4-15}$$

式中, thr 为门槛值; $M(i,m)$ 为中值; α 为衰减比例,范围为 $0 < \alpha \leqslant 1$ 。包络 $A(i,j)$ 在某范围内的值作衰减处理。

对异常噪声识别完后,对记录道进行中值加权处理,完成去噪,其表示为

$$X(i,j) = X(i,j)/l(i,j) \tag{4-16}$$

由于不同的频段范围内,异常振幅表现出不同的特征,所以,在该方法的计算过程中需要使用分频处理技术。图 4-3 为经本方法处理后的剖面图,对比可看出其保真性。

4.2.5 *f-x* 域最小平方线性噪声

建立线性时差模型,利用线性干扰的优势频,在共炮点域内提取噪声特征。为了更有效地压制线性干扰,利用分频技术可最大限度在保持有效信号的情况下压制线性干扰。地

震数据信噪比在每个频带和时带内均不同，在某些频带范围内，地震记录的有效信号和噪声可以被分离开，然后减去地震记录中褶积分离的噪声，有效压制线性干扰，而在频带不含线性干扰的范围内，不需做线性去噪处理，从而最大限度地保护有效信号。在低速线性干扰和高速发散线性干扰的区域，该方法能较好地去噪，提高信噪比[66]。利用 LEMUR 方法处理实际地震资料，将该方法应用到苏里格地区数字地震记录去噪中，如图 4-4 所示。其中，图 4-4（a）和图 4-4（b）为压制线性干扰前、后的单炮记录，图 4-4（c）为噪声被减去后的记录。

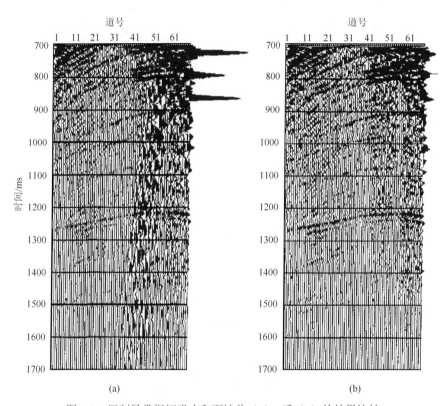

图 4-3　压制异常振幅噪声和面波前（a）、后（b）的结果比较

4.2.6　强能量干扰的分频压制

在地震记录上，强能量干扰可以多种不同的方式出现，如面波、声波、猝发脉冲波和记录深部的高频干扰。对图 4-4（b）所含的高频能量，采用高频去噪的思路，将高频能量带分成多个子频带，给每个子频带设置一个去噪时窗，在每个时窗内设置门槛值函数，最终实现高频能量噪声被去除的功能。图 4-5 为实际资料去噪处理记录，其中：图 4-5（a）是利用 FDNAT 方法分频去除强能量干扰的记录；图 4-5（b）为在图 4-5（a）处理基础上，利用 SPARN 方法压制尖脉冲等异常噪声的记录；图 4-5（c）为 FDNAT、SPARN 方法应用的单炮记录。对比以上三图可知，分频去噪的效果较好，且获得的地震记录具有保幅性。

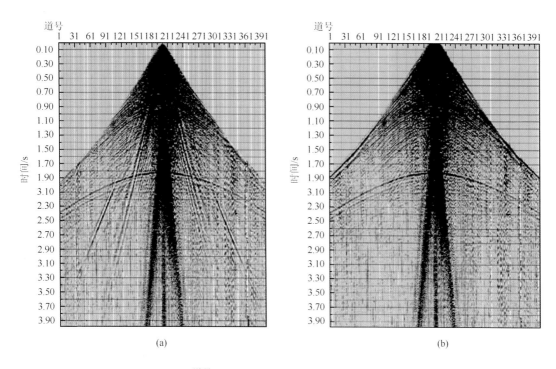

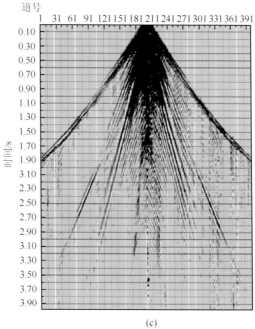

图 4-4　Lemur 模块压制线性干扰的效果分析

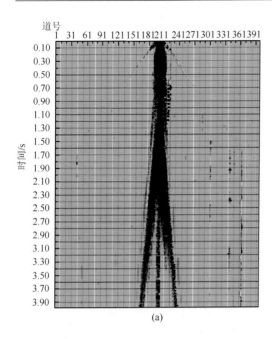
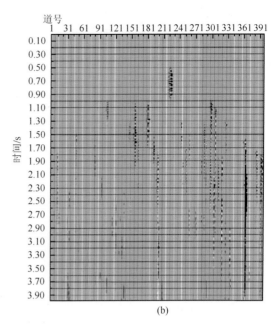

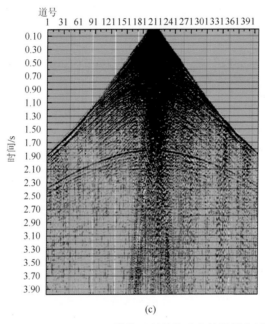

图 4-5　Fdnat、Sparn 模块压制异常噪声的效果分析

4.3　压制规则噪声

4.3.1　时间域单频干扰波的压制

在地震记录上存在强单频干扰波（如交流电）时，常规的压制方法就是在频率

域内进行压制。频率域处理虽然简单、方便，但是也存在一些问题。在浅层，有效波与干扰波的能量强弱影响干扰波的识别，当两者能量接近或干扰波能量相对较弱时，干扰波较难识别。在深层，相较而言，干扰波易于识别。在振幅上对干扰波进行压制是去噪的一种方法，但该方法存在一定的不足，即存在对干扰波压制不够或压制过量的情况，对单频干扰波不能有效地去除掉。在频率域压制干扰波时，仅在振幅上对强单频干扰波进行了压制，但未对相位进行处理。另外，在频率域压制强单频干扰波时，需保证有效信号得到最大限度的保留，此时需选择窄频带进行压制干扰，造成对应的时间域算子很长，增加了计算量，还会产生边界效应等问题；而时间域算子的长度不够，又会造成单频干扰波去除不净。由于频率域去噪处理方法对 50Hz 单频干扰波和信号同时压制，而实际资料中，强单频干扰的频率并不是 50Hz 不变，并且计算时需选择时窗，这些都对傅里叶变换处理造成一定的问题，从而导致强单频干扰波不能有效地压制。从这个层面上看，压制单频干扰波的同时，有效信号也同时被压制。所以，在信号频率为 50Hz 左右区域的信噪比没有得到改善[67~69]。

在时间域内去除干扰波，利用余弦波近似逼近单频干扰波的方法，将强单频干扰波从地震记录中去除。该方法解决了在频率域中压制干扰波存在的问题，处理对象仅针对强单频干扰，有效波得到最大程度的保留。

为了压制强单频干扰波，在计算时假设强单频干扰波的频率、振幅以及时延在地震记录道内保持恒定不变，都为某一固定常数，在此条件下，利用余弦波近似逼近强单频干扰波，其表达式为

$$y_i = A\cos 2\pi f(i+\tau)\Delta t \tag{4-17}$$

式中，A、f、τ 分别为强单频干扰波的振幅、频率与时延；Δt 为地震记录的时间采样间隔。

为了压制单频噪声，采用自适应识别，并从记录中减去。图 4-6 可看出 VSP 三分量记录单频噪声压制效果。

图 4-7 为单频去噪前后频谱分析图，对比可以看出，自适应压制单频噪声处理效果最好。

在时间剖面上，高频段有效能量在浅层与深层存在较大的差异，一般深层高频有效波能量弱。在估算强单频干扰波的振幅、频率以及时延时，可用深层时间段来计算，最后将计算的三个参数作为整个地震记录中的强单频干扰波的特征参数。为得到无单频干扰波的地震记录，需将原始地震道中的强单频干扰波去除掉。在估算强单频干扰波的频率与时延时，可采用频率扫描与快速时延扫描法获得，估算强单频干扰波时，采用最小二乘法进行计算[69]。在此基础上可建立目标函数：

$$Q = \sum_{i=1}^{N} [S_i - y_i]^2 = \sum_{i=1}^{N} [S_i - A\cos 2\pi f(i+\tau)\Delta t]^2 \to \min \tag{4-18}$$

式中，S_i 为原始地震记录。对 f、τ 和 A，使用快速算法扫描确定。

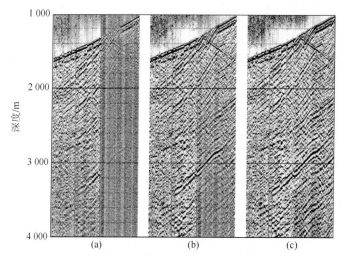

图 4-6 VSP 地震数据单频噪声不同方法处理结果对比

（a）原始数据，其交流电干扰严重；（b）陷波法处理的结果，仍然有残留的交流电；（c）本方法的结果，交流电完全去除

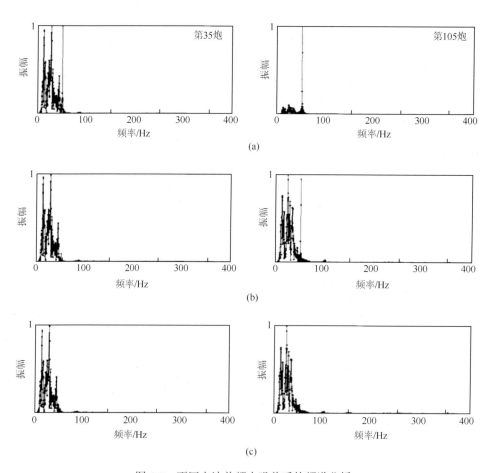

图 4-7 不同方法单频去噪前后的频谱分析

（a）原始数据频谱；（b）陷波法单频去噪后的频谱；（c）自适应法单频去噪后的频谱

对于单频干扰波，振幅误差 Δy 可由频率 f 及其误差 Δf 表示，表达式为

$$|\Delta y| = |\cos(2\pi f t + \phi) - \cos[2\pi(f + \Delta f)t + \phi]| \leqslant 2\pi |\Delta f| T \qquad (4\text{-}19)$$

式中，T 为地震记录长度。当 T 已知时，相对误差 $|\Delta y|$ 的大小受频率扫描步长 Δf 的控制，Δf 越小，则 $|\Delta y|$ 越小。当相对误差 $|\Delta y|$ 已知时，地震记录长度 T 与频率扫描步长 Δf 成反比。

通过上述过程，可计算确定每一个强单频干扰波的振幅 A、频率 f 以及时延 τ。当在给定时窗内存在多个强单频干扰波时，分别标定其振幅，并逐次计算频率 f 以及时延 τ，最后整体进行振幅标定的策略[69]。

用 f_k 表示各个强单频干扰波的频率，A_k 表示各个强单频干扰波的振幅，τ_k 表示各个强单频干扰波的时延，其中 $k = 1, 2, \cdots, M$，M 是强单频干扰波的个数，则强单频干扰波可表示为

$$y_i = \sum_{k=1}^{M} A_k \cos 2\pi f_k (i + \tau_k) \Delta t \qquad (4\text{-}20)$$

式中，f_k、$\tau_k (k = 1, 2, \cdots, M)$ 为已知。由式（4-20）可计算出每个强单频干扰波的振幅。然后用原始地震记录减去强单频干扰波，可获得去噪后的地震记录。

4.3.2 自适应面波压制

对面波进行分析，发现其与有效波的区别表现在视速度、能量、频率分布范围等方面。依据这些方面的差异特征，可用统计分析的方法识别和压制面波干扰。

1. 地震信号模型的建立

首先对每个地震道作时频分析，分析出噪声与有效信号的频带范围、出现的时间以及能量强弱。然后在空间域中分析地震道的空间相干性，并删除具有空间相干性的地震道，为建立地震信号模型做充分的准备。

设 $A_t(f)$ 为地震信号振幅谱，其由时频分析方法确定，为求取地震子波的振幅谱，需求解滑动平均包络 $P_t(f)$，其表达式为

$$P_t(f) = \frac{1}{k} \sum_{i=f-\frac{k}{2}}^{f+\frac{k}{2}} A_t(i) \qquad (4\text{-}21)$$

式中，k 为滑动平均包络的频带宽度。

令

$$P_{\max} = \max\{P_t(f)\}, \quad f \in [f_{\min}, f_{\max}] \qquad (4\text{-}22)$$

式中，$[f_{\min}, f_{\max}]$ 为给定的频带范围，则 $P_t(f)$ 相对于峰值频率归一化的结果为

$$P_t(f) = P_t(f) / P_{\max} \qquad (4\text{-}23)$$

地震波在地下介质中传播时，高频成分衰减相对较快，在对地震信号振幅谱包络做统计分析时，需考虑子波的时变性。因此，计算地震信号振幅谱包络时，应由上至下连续计算。

　　信号模型的建立受噪声的影响，因此，应选取剔除了空间相干性差的地震道后剩余的所有地震道信号振幅包络 $P_{ts}(f)$ 建立信号模型，其表达式为

$$P_{ts}(f) = \frac{1}{N} \sum_{i=1}^{N} P_{t_j}(f) \qquad (4\text{-}24)$$

式中，N 为剔除相干性差的地震道后剩余的所有地震道数。

　　由以上分析可知，地震信号振幅谱包络 $P_{ts}(f)$ 可根据式（4-21）～式（4-24）计算求取。由于 $P_{ts}(f)$ 与时间有关，因此，可作为下一炮的参考值，且可作为检测噪声的标准信号。

2. 压制面波

　　识别并压制面波可利用建立的地震信号模型实现，其实现步骤如下。

　　设 $F_t(f)$ 为地震道时间 t 的频谱，$Y_t(f)$ 为经归一化处理后的振幅谱包络，在时窗大小的选取方面，$Y_t(f)$ 与 $P_t(f)$ 可不同。定义面波的压制因子，其表达式为

$$H_t(f) = \begin{cases} 1, & Y_t(f) < P_t(f) \\ P_t(f)/Y_t(f), & Y_t(f) > P_t(f) \end{cases} \qquad (4\text{-}25)$$

　　设 $F_t'(f)$ 为面波压制后的频谱，则有：

$$F_t'(f) = F_t(f)H_t(f) \qquad (4\text{-}26)$$

这样，通过式（4-25）和式（4-26）的处理就可实现对面波的压制。

　　该法仅压制面波，对有效信号的低频成分和其他信息基本无影响。经实际生产应用证明，该方法适应性较强，效果较稳定[17]。

4.3.3　叠前线性噪声压制

　　在复杂近地表区采集的地震记录信号，由于受各种因素的影响，地震记录中通常会存在多样的线性干扰，在炮集记录上，均以各种倾角的线性同相轴呈现出来。

　　在野外采集中压制线性干扰可通过多次覆盖采集技术实现，但在实际应用中覆盖次数的选取受各种条件的限制，无法达到理论上要求的覆盖次数。所以，在原始资料叠加剖面中，线性干扰影响明显。在我国西部复杂山地采集的地震资料中，线性干扰的影响较为严重。

　　如今，$f\text{-}k$ 滤波法通常是处理线性干扰的常规使用方法。对线性干扰能量较弱、分布范围窄的地区，该方法去线性干扰的效果较好；相反，则其处理效果难以达到预期。其原因在于 $f\text{-}k$ 域内的滤波效应是全局性的，而在该区域内，线性干扰与有效信号没有明显的分界，进行滤波处理时容易出现假频现象[63]。

　　该法实现的基本思路是将覆盖区域内比较集中的规则干扰波自动识别并剔除，其他部分不做处理。这说明该法压制干扰波效应是局部的。该方法基于"多道识别，单道逐点压制"的策略，其优点在于[63]：

　　（1）能处理线性噪声同相轴变化的情况，解决了 $f\text{-}k$ 滤波法和 $\tau\text{-}p$ 滤波法处理线性噪

声时存在的问题；

（2）可防止记录蚯蚓化现象的发生。

实现该方法有以下两方面的假设条件：

（1）干扰波的同相轴是线性的；

（2）在视速度上，干扰波与有效波需存在差异。

该方法的实现是在炮集记录上完成的。(i_0, j_0) 为炮集记录中的任意点，求取扫描叠加能量按式（4-27）进行计算：

$$E_{j_0}(k) = \sum_{j=j_0-\frac{M}{2}}^{j_0+\frac{M}{2}} \sum_{i=i_0-\frac{L}{2}}^{i_0+\frac{L}{2}} A(i,j,k), \quad k \in [k_1, k_2] \tag{4-27}$$

式中，$A(i,j,k)$ 为振幅值；k 为扫描倾角；(k_1, k_2) 为扫描倾角范围；i 为对应时间值；j 为搜索空间范围内对应的道号。

按式（4-27）进行计算，可得一系列的扫描能量值 $E(k)$，取

$$E_{\max} = \max\{E(k)\}, \quad k \in [k_1, k_2]$$

E 取到最大值 $E_{\max}$ 时，其对应的 k 值为位置 (i_0, j_0) 附近同相轴的倾角。

假设线性干扰同相轴的倾角范围是 $[a_1, a_2]$，令

$$P = \begin{cases} 1, & k_{\max} \in [a_1, a_2] \\ 0, & k_{\max} \notin [a_1, a_2] \end{cases} \tag{4-28}$$

上式表明：当 P 取值为 1 时，在 (i_0, j_0) 附近检测到的同相轴是线性的，需做去噪处理；当 P 取值为 0 时，在 (i_0, j_0) 附近检测到的是有效波同相轴，无须做去噪处理。

当在 (i_0, j_0) 点附近位置线性干扰同相轴的倾角确定后，可用均值法或中值法进行去噪处理。

1. 中值法

沿 $k_{\max}$ 方向取中值，有[70]

$$V_m = \mathrm{MED}\left\{ A\left(i_0, j - \frac{k}{2}, \cdots, j + \frac{k}{2} \right) \right\} \tag{4-29}$$

令

$$A'(i_0, j_0) = \begin{cases} A(i_0, j_0), & P = 0 \\ A(i_0, j_0) - V_m, & P = 1 \end{cases}$$

$A'(i_0, j_0)$ 即为中值法去线性噪声后结果。

将中值去噪法应用到实际资料去噪处理中，检验其效果。图 4-8 为该法在某工区的应用效果对比，图（a）～（c）分别表示去噪前、所去噪声以及去噪后的记录。对比分析可

知，该方法具有较好的去噪效果，且单炮记录剖面信噪比得到提高。

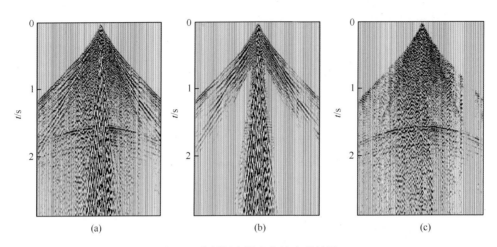

图 4-8　分频径向道中值法去噪结果

（a）原始记录；（b）所去噪声记录；（c）去噪后的记录

2. 均值法

沿 k_{max} 方向取均值，有

$$V_s = \frac{1}{k} \sum_{j=j_0-\frac{k}{2}}^{j_0+\frac{k}{2}} A(i_0, j) \qquad (4\text{-}30)$$

令

$$A'(i_0, j_0) = \begin{cases} A(i_0, j_0), & P = 0 \\ A(i_0, j_0) - V_s, & P = 1 \end{cases}$$

$A'(i_0, j_0)$ 即为均值法去线性噪声后结果。

从图 4-9 可以看出，在炮集记录中，该法对各种强能量的线性干扰具有一定的识别能力，能提高叠加剖面的质量。

3. Fxcns 法

在 $f\text{-}x$ 域去相干噪声中，保真去噪是关键。在西方公司的 OMEGA 系统中有个 Fxcns 模块，其原理是利用频率和空间视速度的“交会法”寻找相干噪声，再从记录中减去。显然，两个条件（频带宽度和视速度范围）都很宽，这样对有效波打击面太大。而始终保持“一个宽、一个窄”的条件是该法有好的去噪效果的重要策略。如何确保这个条件，其实也很简单，因为这两个参数对记录来讲，都是随近地表位置而改变的。于是，可以将两个条件分别细分其所在位置及记录范围，通过排列组合，总能使单个记录（或记录的某一部分）保持最恰当的“一宽、一窄”的状况，使其参数精确地对准噪声，从而使其对有效波打击面最小，最大限度地去除噪声。

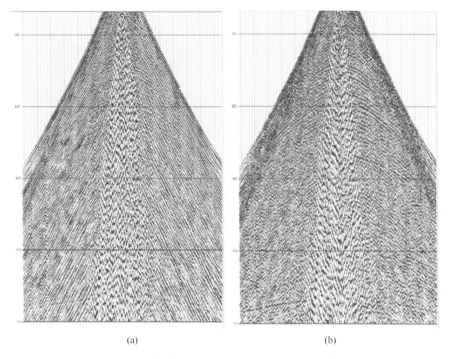

(a)   (b)

图 4-9   压制线性噪声前（a）、后（b）的结果比较

　　检验去噪效果的最好办法，就是一定要看（QC）所减去的噪声中是否有有效波的影子，这是保真去噪实施过程中的关键[66, 71]，图 4-10 为利用 HHT 法去面波后的记录。图 4-11 为利用 HHT 法去面波前的记录。从图 4-11 与图 4-10 对比可以看出：利用 HHT 法去除面波后的记录信噪比和分辨率明显提高，面波中所包含的有效信号得以保留。这说明 HHT 法能有效去除面波干扰，且保留有效波信息。

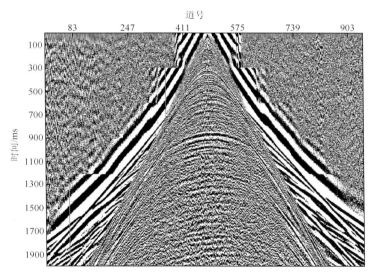

图 4-10   HHT 去除面波后的记录

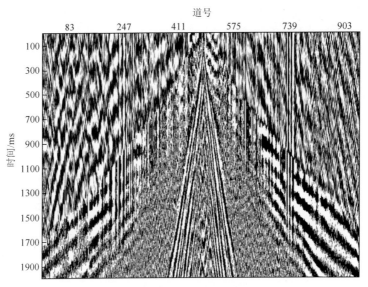

图 4-11　HHT 去除面波前的记录

4.4　多次反射波衰减技术

多次波按照其在层内传播的特点，可分为两类，即长程多次波与短程多次波。在同深度处，长程多次波的路程比一次反射波的传播路程要大，在地震记录剖面上具有独立的同相轴，其能量大小受近地表、海底或低速带的反射强度影响。而短程多次波仅在同一层内经上下反射界面多次反射得到的，在地震记录剖面上没有独立的同相轴，且与同层内的一次反射波相混淆，其波形也会发生改变[72]。

1999 年，Weglein 在前人研究压制多次波的方法的基础上，将压制多次波的方法归为两类[73,74]：①波动方程的预测减去法，该方法利用地震记录波场模拟或反演预测出多次波，并将预测的多次波从原始记录中剔除。依据该方法的具体实现过程，可将该方法细分为反散射序列、波场外推以及反馈循环等。②有效波和多次波在某些特征方面存在一定的差异，基于这些特征差异，可将一次波从多次波中分离出来。利用这些特征差异区分一次波与多次波的滤波方法有预测反褶积滤波以及各种变换滤波法。受各种因素的影响，多次波的复杂程度提高，常规的直接衰减多次波法不能满足需求，取而代之的是逐渐发展起来的基于波动方程的滤波法。首先简要阐述几种常规的多次波滤波法，然后着重阐述聚束滤波消除多次波的方法。

4.4.1　去多次波的方法

1. 预测反褶积

在海洋地震勘探中，由于水层的顶、底反射界面的波阻抗差异较大，多次波在该地震记录中较为发育，而预测反褶积滤波法通常用于该地震记录的多次波去噪。假设已知水层顶、底界面反射系数分别为 -1 和 R，地震波在水层顶底部间的传播旅行时为 Δn，一次反射波的旅行时为 T，在此基础上增加一个多次波旅行时，其旅行时间为 $T + \Delta n$、振幅衰减

为 $-R$ 。在水层的顶底间多次反射，等价于在一次反射波后面增加一系列信号，其振幅可分别表示为 $-2R$ 、 $-3R^2$ 、 $-4R^3$ 、 $-5R^4$ 、...，相邻到达的反射波，其时间间隔为 Δn 。用 $F(t)$ 表示水层顶底反射波响应，由于波在水层间传播会产生交混回响等噪声，为了消除这些噪声，设计一个滤波器 $I(t)$ ，其满足 $F(t) \times I(t) = 1$ 的条件， $I(t)$ 称为 $F(t)$ 的反滤波器，又称为 Backus 滤波器。该方法可避免交混回响噪声的影响 [72]。

2. f-k 方法

与同时到达的反射波相比较，多次波的视速度要小，依据此差异，可在 f-k 域内区分并衰减多次波。由于 f-k 方法计算效率高，处理效果较好，因此在地震数据处理中经常使用。但当有效信号与噪声能量接近时，在 f-k 域就无法使用 f-k 方法处理地震数据。如层间以及近偏移距处的多次波，其与一次反射波的时间差较小，且视速度差异小，f-k 法就无法获得较理想的效果。

3. 拉东变换消除多次波

拉东（Radon）变换是将函数从二维平面 (x, y) 变换到柱平面 (l, θ) ，其具体的做法是将二维函数沿某条直线进行积分，积分所得值是方向 θ 及其原点距离 l 的函数[75~78]。Thorson 等[79]引入了两个概念，即模型空间 $u(\tau, p)$ 概念与数据空间 $d(x, t)$ 概念，函数中， τ 为零偏移距地震波反射时间、 p 为慢度（地震波传播速度的倒数）、 x 为炮点到检波点的距离、 t 为地震波旅行时间，从而模型空间由数据空间经拉东变换处理得到。记录的地震数据空间通过拉东变换得到模型空间，其同相轴被称为 Y 离散的突起点[75~78]。由拉东变换获得的重构地震数据，一次波与多次波可通过在拉东变换域中其慢度和零偏距旅行时的差异进行区分，并可剔除多次波。但由于采样率有限，且炮检距的范围也有限，做拉东变换处理时，地震记录数据可能存在失真的问题，针对这一问题，Hampson 提出抛物型近似算法，该方法将时距曲线用没有物理意义的抛物型参数曲线替换，并对替换后的函数做傅里叶变换，在频率域中估算模型，提高重构的稳定性以及计算效率。Foster 和 Mosher 发展了广义拉东变换理论，用一般的函数曲线代替双曲型时距曲线，在频率域估计模型，在实际资料处理中取得了好的效果[80]。图 4-12～图 4-16 是利用拉东变换消除多次波后速度谱及剖面的展示；同时也看到线性和非线性的抛物型变换结果及其所提出的面波的情况。表 4-1 列出各种利用有效波和多次波之间差异的滤波方法。

表 4-1　基于有效波和多次波之间差异的滤波方法[158]

域	算法	所利用的差异特征
T	预测反褶积	周期性
τ-p	拉东变换加预测反褶积	周期性
t-x	叠加	可分离性
t-x	基于剩余时差分析的叠加	可分离性
主成分	特征谱加切除滤波	可分离性
f-k	二维傅里叶变换加切除滤波	可分离性
τ-p	拉东变换加切除滤波	可分离性
f-k	三维傅里叶变换加切除滤波	可分离性
f-x	聚束滤波（MVO、AVO、PVO）	可分离性

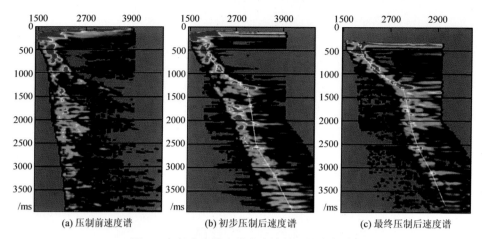

(a) 压制前速度谱 (b) 初步压制后速度谱 (c) 最终压制后速度谱

图 4-12 拉东变换去除多次波前后的速度谱

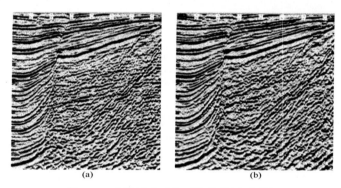

(a) (b)

图 4-13 多次波衰减前后的偏移剖面对比
（a）衰减前　（b）衰减后

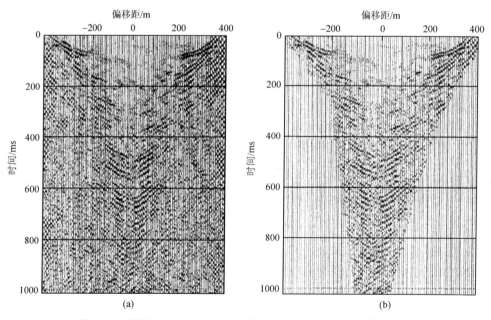

图 4-14 线性拉东（τ-p）正变换结果（a）及切除后的结果（b）

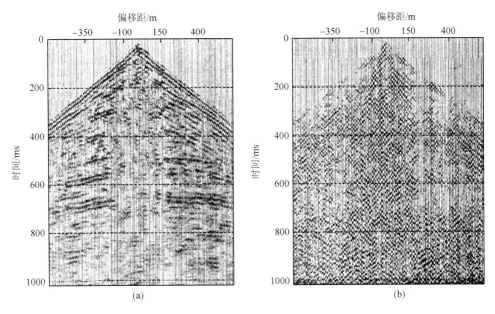

图 4-15　拉东反变换结果（a）及变换域提出的面波（b）

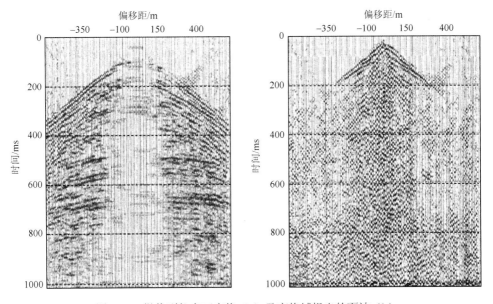

图 4-16　抛物型拉东正变换（a）及变换域提出的面波（b）

4.4.2　聚束滤波方法

1. 聚束滤波方法原理

在信号处理领域，聚束滤波方法由来已久。Shumway 等人提出了基于统计学基础的最小平方差、无偏（MVU）的聚束滤波方法。Cox 等对聚束滤波方法作了阐述[82]，White

在提取一次反射信号时利用 MVU 聚束滤波方法[83]；胡天跃等深入分析了聚束滤波方法原理，并讨论了该方法在地震勘探数据处理中的应用[84]。

当输出噪声的能量较小时，可用聚束滤波法从中提取无畸变信号。主要是因为聚束滤波法是一种多道滤波方法。在提取信号的过程中，可利用自适应聚束滤波方法估计信号与噪声的特性。

在地震资料去噪处理中，需要分离出一次波与相干噪声，首先需要建立数据模型，该数据模型可用信号 s、相干噪声 v 以及随机噪声 u 共同表示：

$$x = Bs + Cv + u \qquad (4\text{-}31)$$

式中，$B = b_{kl} \exp(-2\pi \mathrm{i} f \tau_{kl}^{(s)} - \mathrm{i}\theta_{kl}^{(s)})$；$C = c_{km} \exp(-2\pi \mathrm{i} f \tau_{km}^{(v)} - \mathrm{i}\theta_{km}^{(v)})$；$b_{kl}, \theta_{kl}^{(s)}, \tau_{kl}^{(s)}$ 分别是第 l 个有效信号在第 k 道上的振幅、相位和时间延迟；$c_{km}, \theta_{km}^{(v)}, \tau_{km}^{(v)}$ 分别是第 m 个相干噪声在第 k 道上的振幅、相位和时间延迟。

基于最小方差、无偏的基本设计准则，聚束滤波方法需满足以下条件[84]：

（1）有效信号不存在畸变现象；

（2）输出噪声能量为最小。

除以上条件外，还需满足以下约束条件：

（1）不存在相干噪声或其响度最小；

（2）随机噪声的增益需得到有效地控制。

这个多约束问题的解或滤波器是：

$$\boldsymbol{H} = \boldsymbol{G}(\boldsymbol{A}^H \boldsymbol{Q}^{-1} \boldsymbol{A})^{-1} \boldsymbol{A}^H \boldsymbol{Q}^{-1} \qquad (4\text{-}32)$$

其中，$\boldsymbol{G} = (\boldsymbol{I}, \boldsymbol{0}), A = (B, C), Q = [uu]^H$；$\boldsymbol{I}$ 是单位矩阵，$\boldsymbol{0}$ 是一个零矩阵。如果随机噪声是正态分布的，并且每道能量相同，即 $\boldsymbol{Q} = \sigma^2 \boldsymbol{I}$，那么信号可由下式估计出：

$$\hat{s} = \boldsymbol{G}(\boldsymbol{A}^H \boldsymbol{A})^{-1} \boldsymbol{A}^H x \qquad (4\text{-}33)$$

2. 自适应聚束滤波

通过多次循环处理自适应聚束滤波方法分别估计信号的振幅、相位和时间延迟。采用等振幅、零相位偏移的模型获得初始的估计[84]。然后，在频率-波数域根据估计模型进行滤波，反傅里叶变换后得到去规则噪声的地震记录。根据参数曲线拟合的方法循环获取滤波后的信号。原始信号为动校后的共中心点（CMP）道集及叠加速度场、有效信号和多次波的时间延迟随炮检距变化的初值。

初始模型的时间延迟的计算需要满足两个假设条件：一是所有地震道的振幅均是相等的；二是要做零相位移动处理。为求取每个信号的波形，需将地震记录数据离散化。因此，需对信号进行傅里叶变换以及其反变换。将地震记录与初始估计模型相减，其差值称为残余值，该值中包含有初始模型的拟合差，可用于对模型进行修正[84]。

针对每一个信号，需要知道其振幅值以及时间延迟值。振幅信息可通过拟合差进行修正，时间延迟值可通过互相关计算进行修正。相关计算所用的数据为信号波形和地震记录道。进行滤波处理时，需要用修正后的新模型，达到残差值最小的要求。在修正信号参数时，处理信号由强到弱依次处理。按照此处理程序，可避免强信号对弱信号的干扰。相对振幅、时间延迟以及相位移动是通过每个信号的互相关在其包络线的峰值处得到，而振幅偏移可通过 White 提出的方法进行修正[84]。

式（4-34）为多层模型反射波的炮检距关系公式[85]，该式由 Taner 和 Koehler 提出。

$$t_{kj}^2 = t_{0,j}^2 + \frac{x_k^2}{v_{\text{RMS},j}^2} + c_3 x_k^4 \qquad (4\text{-}34)$$

其中，旅行时间 $t_{kj} = t_{0,j} + \tau_{kj}$ 可以从估计时间延迟 τ_{kj} 获得；x_k 是第 k 道的炮检距；非双曲型参数 c_3 为

$$c_3 = \frac{1}{4(t_{0,j}^0)^2 (v_{\text{RMS},j}^0)^4} \left[1 - \frac{2\sum_{l=1}^n d_l^0 (v_{\text{INT},l}^0)^3}{t_{0,j}^0 (v_{\text{RMS},j}^0)^4} \right] \qquad (4\text{-}35)$$

式中，上标 0 表示初值，下标 j 表示第 j 个信号；d_l^0 和 v_{INT}^0 分别表示第 l 层的厚度、层内速度；$t_{0,j}^0$ 表示初始的零偏移距双程旅行时间，$v_{\text{RMS},j}^0$ 表示均方根速度，这两个值可由速度谱估计出。为计算 d_l^0 和 $v_{\text{INT},l}^0$，需利用 Dix 公式进行计算，计算时，需将 $t_{0,j}^0$ 和 $v_{\text{RMS},j}^0$ 的值代入 Dix 公式。

式（4-34）中最右边的项 $c_3 x_k^4$ 是对双曲线回归的一个修正项。经过 $c_3 x_k^4$ 非双曲校正项校正后，t_0^0 和 $v_{\text{RMS},j}^0$ 两个值可利用对 $t^2 - x^2$ 的双曲线回归求出，然后利用这两个参数计算新的旅行时间，并修正时间延迟 τ_{kj}。

根据 Walden 公式，第 j 个信号的振幅为

$$a_{kj}(x_k) = A_j + B_j \frac{x_k^2}{t_{0,j}^2 v_{\text{RMS},j}^2 + x_k^2} \qquad (4\text{-}36)$$

式中，A_j 为垂直入射或零偏移距的振幅；B_j 为一个与分界面两侧介质的泊松比、密度相关的参数；$t_{0,j}^2$ 和 $v_{\text{RMS},j}^2$ 为通过回归计算得到的已知参数。

计算式（4-36）中的 A_j 和 B_j 两个参数，可利用强制性的回归方法求取。利用求取的 A_j 和 B_j 值对振幅值进行修正。

用多项式实现相位回归，即

$$\theta_{kj} = c_{0,j} + c_{1,j} x_k + c_{2,j} x_k^2$$

式中，$c_{0,j}$、$c_{1,j}$、$c_{2,j}$ 为与第 j 个信号相关的参数。

类似地，修正的相位 θ_{kj} 可通过重新计算得到。

3. 三维聚束滤波方法

对于三维地震数据而言，由于产生多次波的界面不一定是水平面，甚至于也不再垂直

于近地表面，利用时间差区分一次波与多次波的聚束滤波方法，考虑相同炮检距道中方位角不同的一次波与多次波特性。首先将方位角分区，在一个给定的分区内，近似认为一次波与多次波具有相同的性质，这样，可在误差允许的范围内简化问题，得到一个简洁、有效的消除多次波的方法[86]。

1）时距曲面

三维双曲时距曲面在相对较小的方位角分区内可仅仅考虑随炮间距变化的旅行时间曲线（二维情况）。但是该方位角的面元中可能存在相同或相邻近的炮间距对应多个地震道的情况。采用聚束滤波的手段对该数据进行处理时，会因一个时距曲线对应多个地震道而产生严重的奇异性。为了消除相同或相近的偏移距道，需要对面元相加，在滤波前对面元数据进行相邻道的叠加处理，这是一种简单可行的有效方法。

与二维的情况相比，三维的情况更加复杂，时距关系从二维的曲线变成了三维的曲面。在噪声方面，不同方位具有不同的属性，特别是侧面产生的多次波。为了更好地描述一次波和多次波在三维地震数据中的时间特性，可以采用速度、倾角、方位角以及自激自收的走时确定其动校正双曲时距曲面。速度和走时与二维相同，而倾角与方位角是对三维时距关系的定位。方位角可以进行直接观测，倾角相对于方位角的求取比较复杂。特别是地下地层构造复杂地区，为了使构建的模型与地下实际的地质情况相吻合，采用多倾角反复试验的方式使校正时距曲线与实际时距曲线拟合效果最佳，从而确定该地层的倾角。

2）按方位角分区

三维数据处理与二维不同的是面元（CDP）替代了点元。在进行数据处理时，没有共偏移距和方位角的概念，只能数据分块，然后作整体处理，即数据中相同反射点内的地震道分成一个 CDP 面，再将其当成一个整体。一个 CDP 面元的覆盖次数，在三维地震中等于横向、纵向的乘积。单一的 CDP 面元中的道数来自不同方位角，如果同时用四参数进行拟合，不仅计算量大而且结果不稳定。对方位角进行分区，将三维的曲面问题转换为二维曲线问题，可以解决现实中计算量大等问题。按方位角分区后，每一个区的所有道都可以投影一条给定的参考线，这样就减少了该面元中的处理道数。

在某些区域内，分区后区内覆盖次数的减少会影响后期多次波压制的效果。在实际的操作中，会引入一个动态平衡面元。当该区域内道数过于小时，可以通过该面元，借用相邻面元的道数去弥补覆盖次数的不足，从而获得足够的信息，达到消除多次波的条件。

3）几点认识与结论

自适应聚束滤波器有许多优点。它的计算量与 Radon 变换法相当，消除地震道中多次波的效果非常好，在提取叠前地震资料中的有效信号时，不会产生畸变。交互处理系统中，相同条件下，该滤波运算速度只是 Radon 变换速度的一半。但自适应聚束滤波比 Radon 变换更灵活，应用也更广。它能切除带、处理失效道和不规则道间距，同时还能进行 AVO 分析，效果都比较好。

在进行地震的岩性研究时，要对地震资料进行叠前处理，包括时间延迟、AVO 和 PVO

精细分析，聚束滤波自身具有这些方法所需要的参数模型。在聚束滤波的过程中，位于滑动工作时窗中的主要同相轴控制着这些模型的参数。所以特殊的反射需要单独分析。通过自动修改参数模型，聚束滤波器能很好地适应地震数据，同时，为了克服地震数据中信号的干涉，通常采用强制回归的方法。对时间延迟的估计是聚束滤波应用中最敏感的参数。聚束滤波器在时间漂移超过 2ms 时，响应会明显降低。其他利用时间延迟的方法在消除多次波时，也具有时间敏感性。

聚束滤波器在不同频率的情况下，最大的偏移距动校正有所不同。这种变化差异可以用来描述聚束滤波器的响应。在理想、无信号畸变条件下，很容易获得超过 40dB 的相干噪声增益。在时间和振幅的漂移造成增益下降的情况下，聚束滤波器获取的增益明显高于叠加获得的增益，在相干和随机噪声增益之间拾取一个最佳点，通过控制该点，可以获得满意的随机噪声增益。通过矩阵求逆时得到的本征临界值可以控制最佳点。实际经验表明，临界值应在 0.001～0.01 的范围内[84]，超过 0.1，信号会产生畸变[84]。

在实际应用中，资料信噪比非常好，如海上地震勘探数据。与 Radon 变换相比，自适应聚束滤波方法消除多次波效果更佳。

4.4.3 基于波动方程压制多次波的方法

基于波动方程压制多次波有波场外推法、反馈法（反馈环法）、反散射法（反散射级数法），见表 4-2。波场外推法采用波场外推的形式模拟多次波，是模拟驱动的方法；后两种方法采用叠前反演的手段预测多次波。相比于模拟驱动的波场外推法，反馈环法和反散射级数法是基于数据驱动的方法。

基于模拟驱动的波场外推法，模拟驱动的含义在于在水层中模拟弹性波时通过波场外推方式实现，该方法要求对水层（海水深度）有一个预先的估计，而且对于涉及自适应减去法的一系列参数要作后验估计。所以对水底反射系数和震源子波要求较高。在适当的条件下，该方法在地震资料处理中能取得很好的效果。

反馈法和反散射法研究的基本点是多次波发生下行反射的位置，同时把多次波分为自由界面多次波和内部多次波两大类。自由界面多次波是指在自由界面发生了不止一次下行反射所形成的波。除了自由界面产生多次波外，其他的反射界面，如水底面及以下的反射界面产生的多次波称为内部多次波，也叫层间多次波。在陆地地震勘探中，强阻反差界面也会产生内部多次波[88, 89]。

基于数据驱动的反馈法和反散射法可视为同一类方法。预测和消除多次波，这两种方法都能取得好的效果。它们之间的区别在于：一种是基于自由界面和层状模型，一种是基于自由界面和点散射模型。应用这两种方法进行地震数据处理时，原始数据中的一次波和所有由一次波通过反射界面产生的多次波的信息不能缺乏，这就是两种方法由数据驱动的理由。反馈法与反散射法的理论基础是地震波动力学。理论研究和实际应用表明，反馈法和反散射法适应性较强，应用效果较好。

表 4-2　基于波动方程的多次波压制方法

方法	波场外推法	反馈法	反散射级数法
消除的多次波类型	水底、微曲多次波、第一层界面的交混回响	任意次自由界面多次波、内部多次波	任意次自由界面多次波、内部多次波
基本物理单元	水层、海底	自由界面、层界面	自由界面、点散射
附加的信息	水层深度（先验知识）、自适应减去（后验估计）	对于自由界面多次波，不需要任何附加信息；对于内部多次波，需要一个先验的速度模型	不需要任何附加信息

1. 反馈法和反散射方法对自由界面多次波的压制

地层介质无假设条件下，压制自由界面多次波的方法可以从弹性波的自由界面反射的物理特性推导出，从而建立实际数据和没有多次波期望之间的关系，采用完全算子的求解法或级数方法在数据不同变换域进行多次波的压制。

反馈法和反散射法均把多次波的震源与自由界面联系起来，它们的差别在于：反馈法用介质中心垂直偶极子模拟震源，反散射法是用介质中心垂直单极子模拟震源。而在地震勘探中，震源检波器的影响以及消除虚反射的误差等会掩盖这两种方法在处理问题思想以及具体实现算法上的差别。

在实际应用中，这两种方法需要弥补缺失的近接收道，并且需要估算震源信号。数据采集所观察到的震源信号，不仅可提高处理方法的有效性，而且可作为数据接收的监控手段。对于缺失的近接收道信息，可利用道外推的方法进行弥补[90]。

需要指出的是，这两种方法在压制与自由界面有关的地震波时具有无须明确地层结构的先验或后验信息的优点。在估算子波时，人们时常会利用自己的经验等因素对估算子波进行干预，因而会产生不可预知的误差。压制自由界面多次波，基于最小能量准则，将预测的多次波从实际采集的地震数据中减去，使最终的波场能量达到最小，该波场被认为是有效的[90]。在各种自适应算法和全局寻优算法中，最常用的准则就是能量最小准则。用反馈法消除表层多次波的迭代反演公式为

$$P_0^{(n+1)}(z_0) = P_0(z_0) - P_0^{(n)}(z_0)A^{(n+1)}(z_0)P(z_0) \tag{4-37}$$

目前，反馈法被广泛应用于消除表层多次波。

2. 反馈法和反散射法对内部多次波的压制

在地层内部的反射界面处常会有多次波产生，这导致该界面难以确定。由于其预测难度较大，因此很难对其进行消除。内部多次波的一些特征与有效波类似，造成多次波压制难上加难。Berkhout 在 1958 年首次提出利用 CFP 技术和反馈模型对多次波进行消除，该技术对多次波的去除效果得到了公认，该方法的理论模型为

$$P_0^{(n+1)}(z_0) = P_0(z_0) - \vec{P}_0^{(n)}(z_1, z_0)A^{(n+1)}(z_1)\vec{P}_0(z_1, z_0) \tag{4-38}$$

Berkhout 在 1958 年给出了第一个内部多次波被去除的合成记录例子[91]，而 Hadidi 等在 1997 年给出了第一个消除内部多次波的野外采集数据实例[92]，Mason 等在 1999 年给

利用地震道的振幅谱，应用谱模拟方法模拟出子波的振幅谱，如图 6-2 所示。

图 6-3 为不同相位的子波，可以看出，混合相位反褶积法求取的子波与原始子波基本保持不变，而最小相位法恢复出的地震子波则存在较大的误差。

图 6-4 为反褶积后输出的地震道记录，对比可以看出，利用混合相位反褶积后的结果比最小相位反褶积的结果要好。

以下阐述实际叠前炮集地震数据处理效果。

图 6-7（a）为某地区的单炮记录，该记录的采集间隔为 2ms，接收道为 40 道，采样点为 1501 个，利用地震道的振幅谱通过拟合的方法拟合出子波的振幅谱，图 6-5 为拟合的子波振幅谱与原始地震道振幅谱的对比图。

图 6-6 为利用最小相位反褶积法和混合相位反褶积法得到的反褶积算子。然后利用最小相位反褶积混合相位反褶积算子与整个地震道进行褶积运算，其结果如图 6-10 所示。对比可以看出，混合相位反褶积处理法得到的地震道，其高频成分增多，同相轴连续性更好，且同相轴变细，与其他方法获得的地震道记录相比，其分辨率得到提高，其主要原因在于实际的地震道记录是混合相位的。

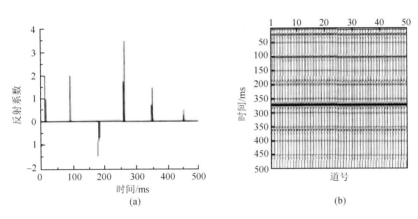

图 6-1　反射系数序列与理论地震道模型

（a）反射系数序列，有 6 个地层的反射系数；（b）反射系数与图 6-3 中原始混合相位子波的褶积地震道模型，横轴为地震道，道距 10m

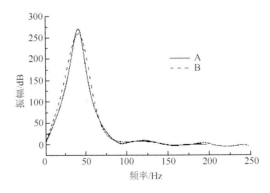

图 6-2　实际混合相位子波的振幅谱（A）与模拟子波振幅谱（B）

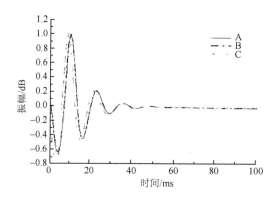

图 6-3　原始混合相位子波（A）、求取的混合相位子波（B）及求取的最小相位子波（C）[109]

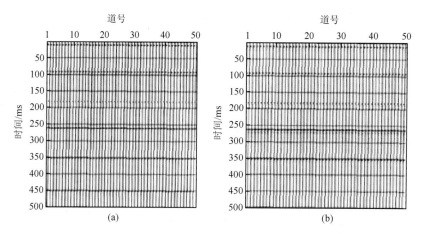

图 6-4　对图 6-1（b）中地震道作最小相位反褶积和混合相位反褶积的结果对比[109]

（a）最小相位反褶积结果；（b）混合相位反褶积结果；横轴为地震道，道距 10m

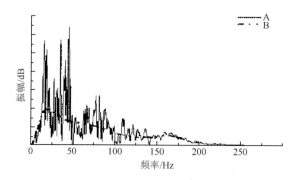

图 6-5　地震道的振幅谱（A）与拟合的子波振幅谱（B）[170]

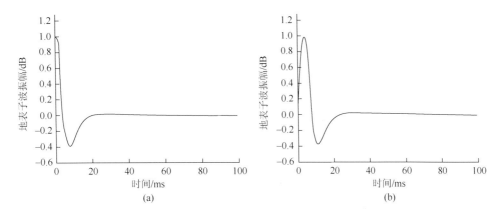

图 6-6　最小相位反褶积得到的子波（a）与混合相位反褶积得到的子波（b）

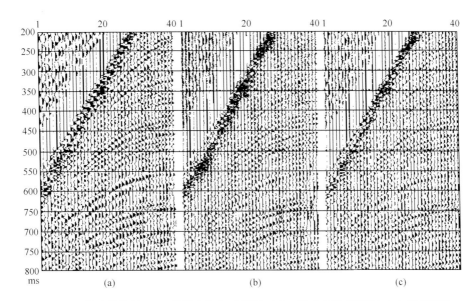

图 6-7　某叠前资料（a）的最小相位反褶积（b）、混合相位反褶积（c）结果[109]

注：横轴为地震道，道距 25m

叠后地震记录应用效果如下所述。

图 6-10（a）是某地区的实际地震叠后资料，该剖面的道数为 200，时间长度为 400～1100ms。利用反褶积方法对其进行处理，从图中可以看出，其频谱变宽，主频向高频方向移动（图 6-8）。

与原始资料相比较，利用混合相位和最小相位反褶积法求取的子波（图 6-9）对该资料进行反褶积处理，其处理结果如图 6-10 所示，从 6-10（b）、（c）两图可以看出，在 1100～1200ms 处有一个透镜状的构造，而在原始资料叠后剖面中无法分辨出来。另外，在 1300～1400ms 附近，与原始剖面相比，两种方法处理后的剖面分辨率得到提高，相比较而言，混合相位反褶积法处理的效果更好。

通过以上实际资料和理论模型的对比论证，混合相位反褶积法具有较好的处理效果。

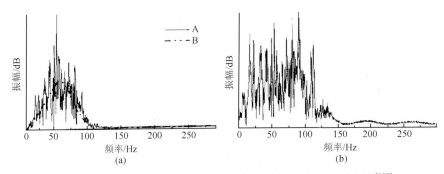

图 6-8　地震道的振幅谱（a）与拟合的子波振幅谱（b）示意图[109]

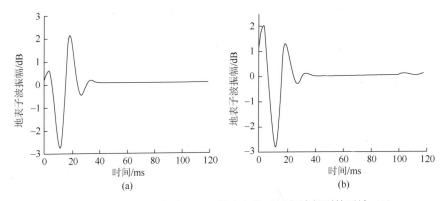

图 6-9　混合相位反褶积法（a）、最小相位反褶积法得到的子波（b）

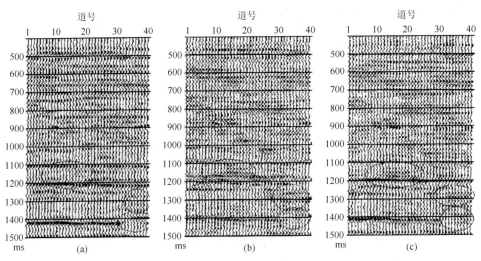

图 6-10　某叠后资料（a）的混合相位反褶积（b）与最小相位反褶积（c）结果

注：横轴为地震道，道距 25m

6.4　地表一致性反褶积及零相位化

地表一致性反褶积处理方法实现过程如下[110,111]：

（1）解编单炮记录并输入；

（2）利用傅里叶变换的性质对地震道进行傅里叶变换；

（3）针对每一道，计算出对数振幅谱和相位谱；

（4）求各道的对数振幅谱，将每道的炮点 S、检波点 R、偏移距 H、共中心点 Y 的对数振幅谱进行相加，求和；

（5）通过迭代运算，计算四个分量 $(S、R、H、Y)$ 的范数，直至达到要求；

（6）计算每道地表异常因子的功率谱 $R(w)$，并将其应用于道记录上；

（7）利用傅里叶反变换，对地表异常功率谱进行处理；

（8）通过莱文森递推法求解地表异常反滤波因子 $a(t)$；

（9）将地震道 $x(t)$ 与反滤波因子 $a(t)$ 作褶积处理；

（10）输出最终结果。

在实际处理中，需对地表一致性反褶积处理作地表一致性相位校正。主要原因在于低降速层对地震子波具有吸收和衰减作用，不仅影响地震子波的振幅和时间延迟，而且还影响子波相位。由于近地表条件的变化，其影响就更加显著，针对这一问题，需进行地表一致性相位校正。基于叠加能量最大原则，迭代求解每一个地震道对应的炮点、检波点的相位校正因子，并将其应用于地震数据道中。

图 6-11 是原始单炮记录，图 6-12 是做过地表一致性处理后的单炮记录，对比两图可以看出，经地表一致性反褶积处理后的剖面，具有丰富的频率成分，振幅强弱变化层次分明，剖面处理的整体效果好，信噪比和分辨率均有一定程度的提高。

在实际资料处理中，由于地表变化、地震子波的振幅能量会发生突变，由于该原因，其对地震道的自动编辑以及反褶积的结果均会产生影响，且影响各区块是否能正确拼接。图 6-13 和图 6-14 分别为地表一致性反褶积处理前后的叠加剖面，对比可以看出，经地表一致性反褶积处理后的剖面，其能量分布较均匀，同相轴的连续性较好，分辨率和信噪比均有一定程度的提高。

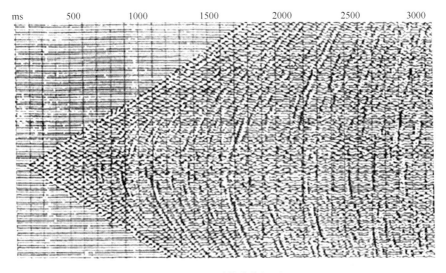

图 6-11　原始单炮记录

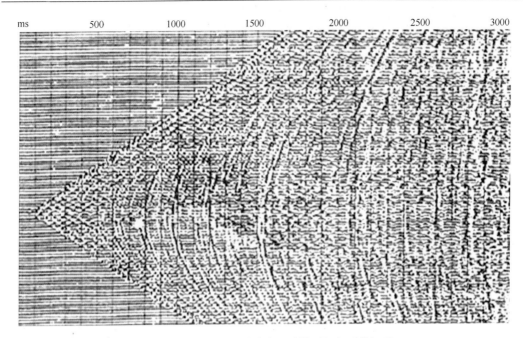

图 6-12　对应图 6-11 做地表一致性反褶积后的记录

图 6-15 为零相位化处理前后的地震资料，对比可以看出，在非零相位资料中，反射界面对应第一起跳点，而在零相位化处理资料中，反射界面对应反射的波峰。图 6-16 为零相位化后的相位谱，在全频段范围内，其相位谱趋于零且稳定。

图 6-17 为数据零相位化前后与井标定结果的对比图，由图可见，经零相位化处理后的成像资料与合成记录的标定结果基本一致，而未经零相位化处理的成像资料与合成记录的相位存在一定的偏差。在声波曲线上，1190ms 和 1210ms 处反映的两个反射界面分别与零相位化处理后的资料上的波峰与波谷一一对应，论证了零相位化处理方法的正确性。与此同时，图中还反映出，经地表一致性反褶积处理后的地震资料，不存在振幅不均匀以及地震子波不同的现象，相反，其能增加有效波的能量。有利于精细研究目的层的横向变化，为后续的处理打下坚实的基础。

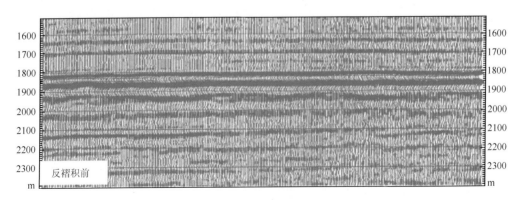

图 6-13　原始初叠剖面

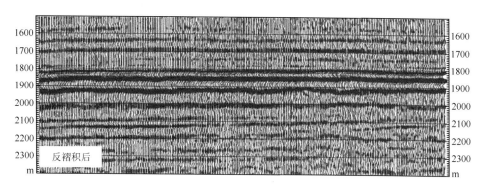

图 6-14　经地表一致性反褶积后的剖面

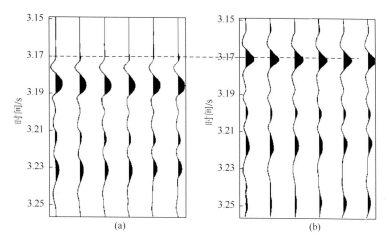

图 6-15　数据零相位化前后结果对比

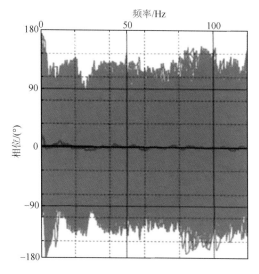

图 6-16　零相位化后的相位谱

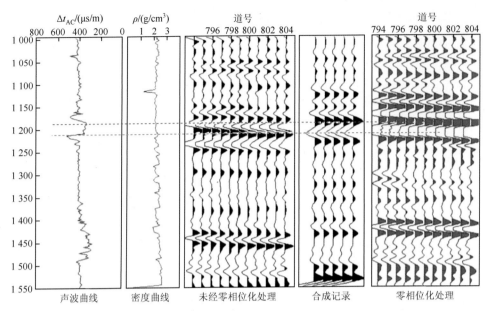

图 6-17 数据零相位化前后与井标定结果比较

6.5 两步法反褶积

单道反褶积方法无法在存在干扰的条件下应用,否则其效果极不稳定。针对这一问题,利用多道统计子波反褶积的方法对共炮点道集和共检波点道集进行处理,从而提高地震资料的信噪比和地震资料叠加剖面的分辨率。

两步法反褶积的第一步是在共炮集上完成的,利用多道统计子波反褶积方法,消除震源对子波的影响[112],在进行该步之前,需对地震资料进行球面扩散补偿处理,以提高其信噪比。然后利用各道统计平均自相关函数,基于最小均方根准则,并假定反射系数是白噪序列,在此条件下,求解托普利兹(Toeplitz)矩阵,从而获得滤波算子。而第二步反褶积输入则要求为最小相位。因此,第一步反褶积的输出应尽量接近最小相位[113],利用指数加权方法改造地震道的方法可以达到该要求。

在进行第二步处理时,认为经第一步处理后的地震资料不再受炮点影响,只受检波点影响。因此,第二步是利用多道统计子波反褶积方法在共检波点道集上进行处理,其输入子波为最小相位子波,并令期望输出的子波为零相位子波。

在两步法反褶积法应用过程中,需满足子波相位最小,反射系数为白噪序列的条件,子波的估算可通过计算各道的平均自相关获得。即在某一个道集上,选取信噪比较高的地震道,在频率域内计算共平均振幅谱,并将振幅谱做平滑处理,其处理后的结果作为子波的振幅谱。然后利用希尔伯特变换对该子波振幅谱进行处理,从而得到最小相位谱,进而得到子波的频谱。最后利用该子波进行反褶积运算[36]。在实际资料处理时,如果满足以上两个条件,则能得到较好的处理结果,否则得到的处理结果较差。所以,为求取精确的地震子波,需寻求另一种方法,在不满足上述条件时,仍能获得精确的子波[36]。另外,雷克子波作为两步法的期望输出,当其主频发生变化时,地震记录的频谱也随之发生变化,从而无法有效拓宽频带。所以两步法反褶积的关键在于提取精确的子波。

根据 Robinson 褶积模型，则有

$$S(t) = r(t) * W(t) + n(t) \tag{6-16}$$

式中，$S(t)$ 表示地震记录；$r(t)$ 表示反射系数；$W(t)$ 表示地震子波；$n(t)$ 表示噪声。在以上模型中需假设噪声 $n(t)$ 在处理中被消除，可以忽略其影响。

在式（6-16）中，当 $W(t)$ 已知时，以上问题可归结为从子波出发求取反子波，然后将其应用到地震记录上，从而求取反射系数序列。

假设地震记录的反射系数是白噪序列，且地震子波为最小相位子波，则最终的最小相位子波可通过地震的功率谱求取[114]。因此，问题又归结到地震记录是否满足这两个假设条件。若反射系数是白噪序列，则需解决地震记录最小相位化问题。另外，在共炮集或共检波点道集中，认为子波是相同的，为求取精确的子波，并且同时能消除相干噪声，采用多道加权平均的方法求取其功率谱；之后，需选择一个适当的期望输出，若期望输出为具有高分辨率宽频带的雷克子波，则可通过最小平方方法求取反子波[36]。

6.5.1 地震记录最小相位化

设地震子波离散化后为 $W(n) = (W_0, W_1, \cdots, W_m)$，其 Z 变换为

$$W(Z) = \sum_{j=0}^{m} W_j Z_j = W_m \prod_{j=1}^{m} (Z - Z_j) \tag{6-17}$$

其中，$Z_j (j = 1, \cdots, m)$ 为 $W(Z)$ 在复平面内的根。

要使子波 $W(t)$ 最小相位化，只须 Z_j 全部落在单位圆外，即 $|Z_j| > 1$，若用 r 对子波作指数加权，则有

$$W(rt) = (W_0, rW_1, r^2W_2, \cdots, r^mW_m)$$

其 Z 变换为

$$W(rZ) = \sum_{j=0}^{m} W_j (rZ)_j = W_m \prod_{j=1}^{m} (rZ - Z) = W_m r^m \prod_{j=1}^{m} (Z - Z_j / r) \tag{6-18}$$

若选择 $r < \min\{|Z_j|\}, 1 \leqslant j \leqslant m$，则 $W_j(rZ)$ 的根全部在单位圆外，故其对应的时间响应为最小相位子波。

在实际问题中，子波是未知的参数,可通过对实际记录作指数加权使子波最小相位化,从而估算子波。

由式（6-17），地震记录的 Z 变换为

$$S(Z) = W(Z)R(Z) = C_0 \prod_{j=1}^{m} (Z - Z_j) \prod_{j=1}^{N-m} (Z - Z_j') \tag{6-19}$$

对记录作加权处理有

$$S(rZ) = C_0 r^N \prod_{j=1}^{m} (Z - Z_j) \prod_{j=1}^{N-m} (Z - Z_j') \tag{6-20}$$

所以，对记录加权与子波加权是等效的，可采用指数加权的方法，使子波最小相位化，

使其满足求最小相位子波的条件之一。

通常，一条测线上各炮之间波形变化不大，可以在几个典型炮集上分别提取衰减因子，取其中较小的衰减因子作为实际处理用的衰减因子。若波形变化较大，可考虑将一条测线分成若干段，每段分别处理。

6.5.2　功率谱多道估算

假设反射系数满足白噪条件，为了增强反射系数的随机性，应选用较大的计算时窗，但有的时窗段干扰太严重，必须避开，这样只能在较短时窗内计算其功率谱。由随机过程理论我们知道，一个平稳的随机序列在时间上的平均值和空间上的平均值相等，所以，短计算时窗引起时间平均的不足可以用空间平均来弥补。为了保证不同道计算时窗内的信息来自相同的反射界面，采用在初定时窗内求最大值，然后反向找零点的方法，来确定计算功率谱的计算时窗。

通常可选择以下几种多道平均方法。

（1）线性平均：设 $F_i(w)$ 是时窗内的傅氏变换，其功率谱为

$$A_i^2(w) = \left|F_i(w)\right|^2 \tag{6-21}$$

则

$$S(w) = \sum_{j=1}^{N} A_i^2(w)/N \tag{6-22}$$

式中，$S(w)$ 为多道平均功率谱；A_i^2 为每道的功率谱；N 为参与平均的道数。

（2）调和平均：首先计算振幅的自然对数的平均值，然后对平均值再取指数，则平均功率谱为

$$S(w) = \exp\left[\sum_{i=1}^{N} \ln(A_i(w)/N)\right] \tag{6-23}$$

（3）互相关平均：对时窗内所有道之间的互相关求和

$$S(w) = \left\{\left[\sum_{i=1}^{N} A_i(w)\right]^2 - \sum_{i=1}^{N} A_i^2(w)\right\}\Big/\left[N(N-1)\right] \tag{6-24}$$

6.5.3　子波估算

在地震记录最小相位化，并通过多道平均计算功率谱（设为 $B(w)$）后方可求取唯一与之对应的子波。

与上述功率谱 $B(w)$ 对应的最小相位子波是唯一的，其求法如下。

（1）$B(w)$ 的实逆为

$$X(m) = \text{IDFT}\left(\log|B(w)|\right) \tag{6-25}$$

其中，IDFT 表示反傅里叶变换。

（2）定义一个窗函数：

$$q(m) = \begin{cases} 0, & m < 0 \\ 1, & m = 0 \\ 2, & m > 0 \end{cases} \tag{6-26}$$

（3）用窗函数对 $X(m)$ 加权得到最小相位子波的实逆谱：

$$b(m) = X(m)q(m) \tag{6-27}$$

（4）由 $b(m)$ 可以得到最小相位子波 b_m：

$$b_0 = \exp[b(0)]$$
$$b_m = b(m)b_0 + \sum_{k=0}^{m-1}(k/m)b(k)b_{m-k} \tag{6-28}$$

因为前面使用了指数加权，把原始子波变为最小相位子波，所以，在此应作反加权，根据子波 b_m 计算混合相位子波 $W(m)$：

$$W(m) = b_m r^{-m} \quad (m=1,\cdots,L,\quad L \text{ 为子波长}) \tag{6-29}$$

6.5.4 反子波求取

对于已求取的子波 $W(t)$，有

$$W(t) * \overline{W}(t) = 1 \tag{6-30}$$

其中，$\overline{W}(t)$ 为 $W(t)$ 的反子波，进而可推出：

$$\begin{bmatrix} R_{WW}(0) & R_{WW}(1) & \cdots & R_{WW}(n) \\ R_{WW}(1) & R_{WW}(0) & \cdots & R_{WW}(n-1) \\ \vdots & \vdots & & \vdots \\ R_{WW}(n) & R_{WW}(n-1) & \cdots & R_{WW}(0) \end{bmatrix} \overline{W}(t) = \begin{bmatrix} 1 \\ 0 \\ \vdots \\ 0 \end{bmatrix} \tag{6-31}$$

解上述方程组即可求取 $\overline{W}(t)$。

由于仪器不可能接收 $0 \sim \infty$ 的全部频率成分，而只能接收有限带宽的信息，故上述只是一种理想化的情况。实际中，应选择一个合适的期望输出，使之成为已知子波与反子波褶积后的输出，其条件为：①期望恢复出所有有效频率范围内的地层信息，故期望输出的功率谱在这个频率范围内应尽可能的平坦；②对于有效频率成分外的信息尽可能压制；③功率谱连续性好；④时间响应的主瓣与旁瓣的比值尽可能大，且边界平滑趋于零；⑤零相位。基于以上几点，可以选择 Butterworth 滤波器，它的功率谱函数为

$$P(f) = 1/[1+(f_L/f)^{2N}][1+(f/f_H)^{2M}] \tag{6-32}$$

式中，f_L 为二分之一功率点低截频；f_H 为二分之一功率点高截频；f 为瞬时频率。参数 M、N 可以通过高频部分和低频部分的倍频衰减率求出。

设 $P(f)$ 的时间响应为 $P(t)$，则求解反算子的方程为

$$\begin{bmatrix} R_{WW}(0) & R_{WW}(1) & \cdots & R_{WW}(2m-1) \\ R_{WW}(1) & R_{WW}(0) & \cdots & R_{WW}(2m-2) \\ \vdots & \vdots & & \vdots \\ R_{WW}(2m-1) & R_{WW}(2m-2) & \cdots & R_{WW}(0) \end{bmatrix} \overline{W}(t) = \begin{bmatrix} R_{WP}(-m+1) \\ R_{WP}(-m+2) \\ \vdots \\ R_{WP}(m-1) \end{bmatrix} \tag{6-33}$$

求出 $\bar{W}(t)$ 后，作用于原始记录道，即得反褶积结果。

在实际资料中，由于激发条件影响较大，接收条件影响较小，通常只在炮集上处理，通过给定期望输出为零相位来作一步整形。根据需要可以先在炮集上通过期望输出为最小相位作第一步处理，然后再抽成检波点道集，通过期望输出为零相位作第二步处理。两步法处理后，既消除了近地表条件的影响，又较好地完成了子波整形。实际资料处理表明，该方法是提高分辨率的有效方法。

反褶积的关键是求取反褶积算子，利用衰减记录法可解决子波不满足最小相位假设条件的问题。依据地震记录的有效频带宽度，利用 Butterworth 滤波器进行高低截频，使反褶积结果在增强了高频成分能量的同时还保持了原始记录的有效频宽[36]。

图 6-18 至图 6-23 分别为脉冲反褶积叠加剖面、两步法统计子波反褶积叠加剖面、两步法子波反褶积前后的频谱分析对照图以及地表一致性反褶积与子波反褶积的子波分析图。对比这几幅图可以看出：两步法子波反褶积不仅能有效地压缩地震子波，而且还能避免记录系统效应的影响，最后将不同地表条件下的条件子波进行统一。

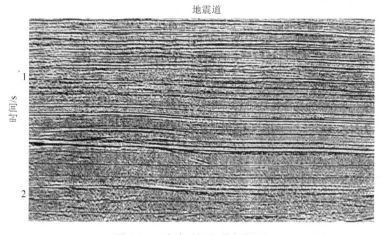

图 6-18 脉冲反褶积叠加剖面

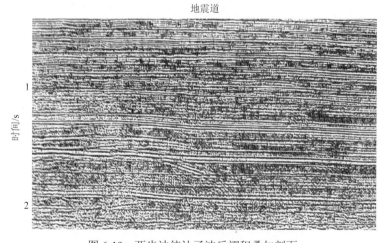

图 6-19 两步法统计子波反褶积叠加剖面

子波反褶积与地表一致性反褶积的共同点在于：两种反褶积法同属于地表一致性反褶积。虽然两种均是对炮点、检波点的响应进行统计，但其处理的效果存在一定差异。其原因在于：①统计方法不同。子波反褶积应用多道统计法；地表一致性反褶积应用的是数学统计法。②统计内容存在差异。一致性反褶积除了炮、检点，还有 CMP 和炮检距项；而子波反褶积实际上还包括鬼波、仪器响应，但少炮检距和 CMP 项。③效果上看，尽管不易使二者参数一致，但还是可以从效果上看出它们是有差异的。图 6-21～图 6-23 的子波一致性效果不同，可以看出子波反褶积要好些。也可能是双向子波反褶积两个域进行多道统计压制噪声能力强于地表一致性的数学统计。

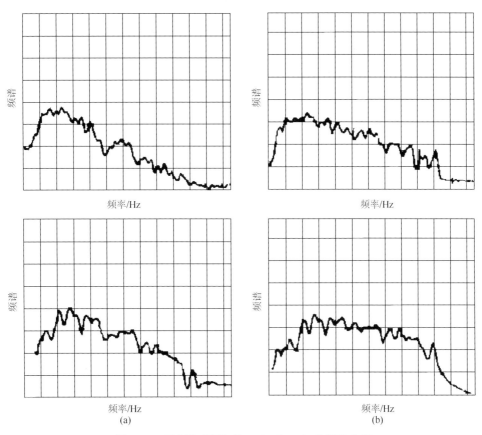

(a)   (b)

图 6-20　两步法反褶积前（a）后（b）的频谱分析

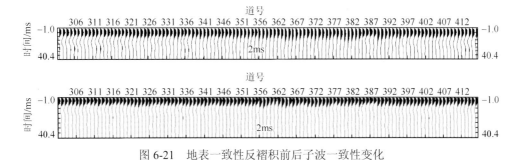

图 6-21　地表一致性反褶积前后子波一致性变化

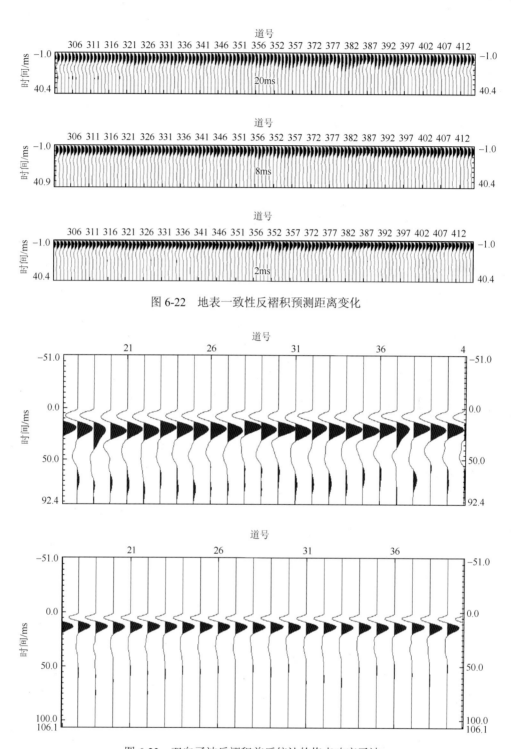

图 6-22　地表一致性反褶积预测距离变化

图 6-23　双向子波反褶积前后统计的炮点响应子波

6.6　反 Q 滤波

根据 Futterman 模型，振幅衰减满足[115~118]

$$A(t,f) = A(0,f)\mathrm{e}^{\frac{\pi f t}{Q}} \tag{6-34}$$

Hale 在此基础上提出反 Q 滤波方法

$$H(t,f) = \mathrm{e}^{\frac{\pi t}{Q}|f|+\mathrm{i}\varphi(f)} \tag{6-35}$$

式中，t 表示传播时间，其取值从记录起始时间到记录结束时间；Q 表示地层的品质因子，可由 Q 扫描或经验公式推算得到；f 表示频率，其取值范围[0, Nyquist]；$\varphi(f)$ 表示相位因子。

式（6-35）为常规反 Q 滤波表达式，在时频域，该方法用于补偿大地引起的振幅和频率衰减，但在此之前首先计算品质因子 Q 值。其值可由 Q 扫描试验求取，对于空变的 Q 信息，其值无法获取。所以，在实际地震资料处理中，利用式（6-34）求取空变的地层品质因子 Q 难以实现。因为 Q 是通过 Q 扫描试验获得的，只是一个近似值，不满足大地实际的衰减与吸收过程，其成像剖面的分辨率不高[119]。在实际地震资料处理中，其成像剖面质量在地层比较平缓的地方较好。图 6-24（a）、（b）为 Q 补偿前后的过井剖面，（c）图为频谱分析结果。从图中可以看出，剖面分辨率得到提高。图 6-25 为 Q 补偿前（上）、后（下）波阻抗反演剖面对井结果。从图中可以看到，通过 Q 补偿处理后，对井效果得到了明显改善。该方法补偿了频率、振幅随时间变化的吸收衰减，但无法避免炮间频率能量差异。图 6-26 为通过高频补偿前后的频谱对比，图 6-27 是两种不同方法计算得到的 Q 因子。对于非平缓地层，时变、空变参数不容易实现，因此，该方法应用范围受到限制。

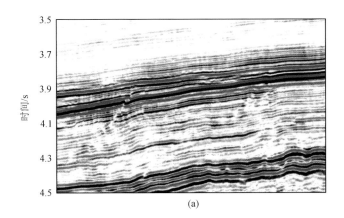

(a)

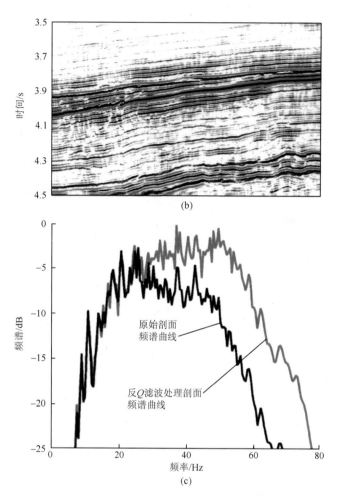

(b)

图 6-24 过 Y1 井纵测线反 Q 滤波结果

（a）原始剖面；（b）反 Q 处理后剖面；（c）处理前、后剖面频谱对比

图 6-25　经反 Q 滤波的过井波阻抗反演剖面对井结果

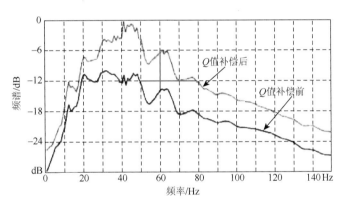

图 6-26　高频补偿前后频谱对比

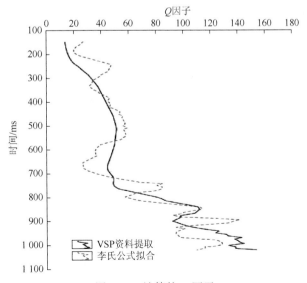

图 6-27　计算的 Q 因子

6.7　谱　白　化

常规谱白化计算公式：

$$y(t) = \sum_{n=1}^{N} \text{AGC}\{F_n[x(t)]\} \tag{6-36}$$

式中，$x(t)$ 为输入地震数据；$y(t)$ 为输出的计算结果；t 为传播时间；$F_n[\ ]$ 为第 n 个滤波因子；$\text{AGC}\{\ \}$ 为自动增益；N 为滤波器个数。

该方法基于反射系数为白噪的条件，利用自动增益的模块对分频数据进行处理，达到补偿振幅的效果。所以，在对实际数据进行处理时，该方法无法保证反射系数的振幅关系。目前，虽然一些软件在做谱白化处理后会利用振幅包络进行振幅保持处理，但依然存在振幅保真问题，当高频成分提高较大时，该问题明显。

6.8　其他反褶积方法简介

目前的保真处理理念主要有：保低频、保振幅、保相位和保波组特征等。这些理念在实际资料处理应用中起到了重要的作用。另外，还有许多除地表一致性反褶积之外的方法，这些方法能起到保真的作用。简要介绍以下几种方法。

（1）随机介质的扩频技术。该技术把地层看作是非均匀介质，并用空间随机过程对其进行描述，其方式与低通滤波过程类似。如图 6-28 所示，对比可以看出，经过扩频处理的（b）图其频率低，而经过谱白化处理后的（c）图频率高。图 6-29 为对实际资料处理的结果，对比可以看出，对于强层，三幅图具有一致性，从扩频处理剖面可以看出，在强化了界面同相轴的同时，增加了噪声的能量，从而虚化了反射层同相轴。

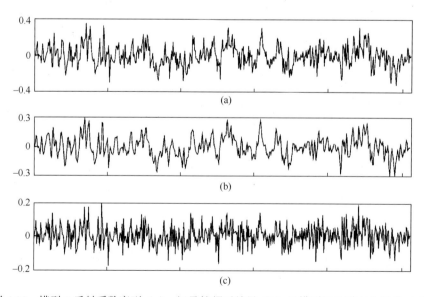

图 6-28　模型 2 反射系数序列（a）、记录扩频后结果（b）及模型记录谱白化结果（c）

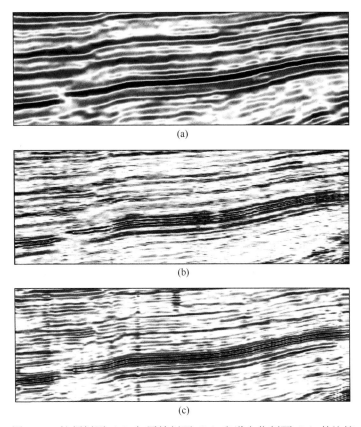

(a)

(b)

(c)

图 6-29　扩频剖面（a）与原始剖面（b）和谱白化剖面（c）的比较

（2）拓频技术。该技术的基本原理：在频率空间域内，通过反投影技术将地震记录的低频段投影到更宽、更高的频带。该技术的关键是选择合适的子波压缩系数。

信噪比的高低决定了分辨率的高低，而信噪比又与反射系数的大小息息相关。所以，子波的压缩系数存在时变性，不同的目的层反射界面具有不同的反射系数。图 6-30 为拓频处理前后剖面对比，从图 6-30（b）中可看出强反射点与较强反射点，图中黄色箭头指示处指示了强反射，紫色线部分指示弱反射。通过拓频处理后，剖面中的同相轴的连续性并没有变好。

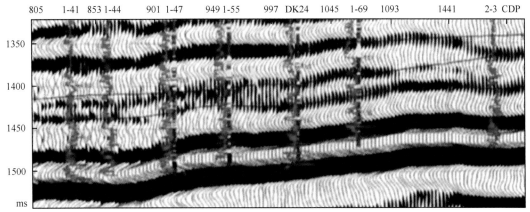

(a)

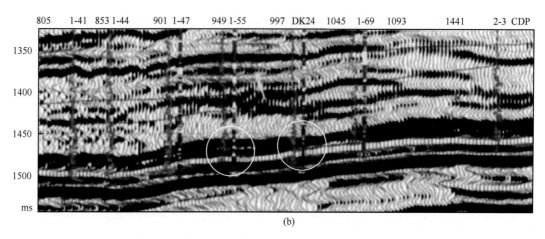

图 6-30　井曲线和 Xline220 线地震资料拓频处理前（a）后（b）对比

（3）子波替换技术。在 20 世纪 90 年代，"换子波剖面"就已被提出。如今，用子波作替换的方法有"VSP 子波替换法反褶积"和"测井约束反褶积"。而在此介绍的是匹配方法，该方法找到二者之间共同的部分，然后将其制作成反滤波因子用作反褶积运算。图 6-31 为 VSP 子波替换前后的频谱对比图，对比可看出，两图频谱特征差异较大，低频部分缺失严重，不利于储层反演技术的应用。该做法是利用某一点的信息推测整个剖面信息，该方法不利于地震信息的保真。

（4）盲反褶积。该方法基于负熵，子波被认为是最小相位子波，高斯白噪反射系数的假设条件不满足实际生产情况，在实际情况中，地震子波的相位是混合的，非白噪序列。盲反褶积方法利用测井资料进行约束，然后构造新的非线性算子，并将该方法应用于时变和非最小相位系统。从图 6-32 对比看出，剖面具有较好的成像效果，且具有较高的分辨率。利用井约束处理可避免多解性问题，且存在两个问题：井能推出多远？是否能保真？

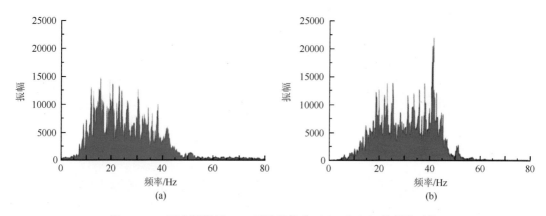

图 6-31　B 区实际资料 VSP 子波替换前（a）后（b）的频谱对比

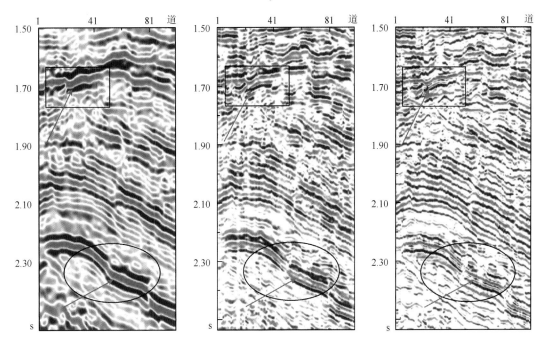

图 6-32 原始剖面（左）脉冲反褶积结果（中）及盲反褶积结果（右）

（5）柯西约束"盲"反褶积。该方法修正的是井约束。图 6-33 是该方法的数值模拟结果，从图中可以看出，在没有井约束的条件下，存在多解性；图 6-34 为频谱图，通过对比可知，经柯西约束"盲"反褶积处理后，低频损失严重，不利于数据反演处理。

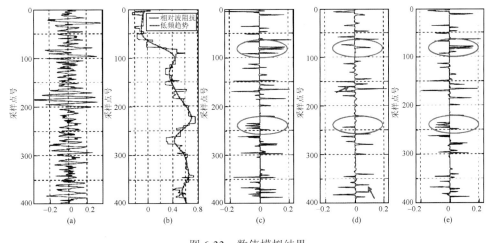

图 6-33 数值模拟结果

（a）合成含噪记录；（b）相对波阻抗约束；（c）反射系数；（d）柯西约束结果；（e）修正柯西约束结果

（6）自然梯度法"盲"反褶积。该理论是一套较新的理论，还不够成熟。图 6-35 为原始剖面与该方法处理剖面的对比。从图中可以看出，该方法处理的剖面分辨率并没有提高，但连续相位变多。

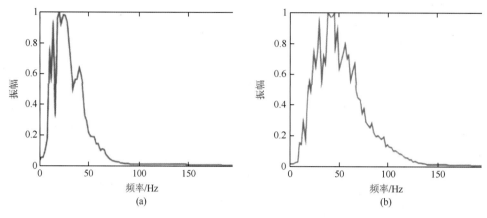

图 6-34　原始资料（a）与柯西约束盲反褶积结果（b）的频谱分析

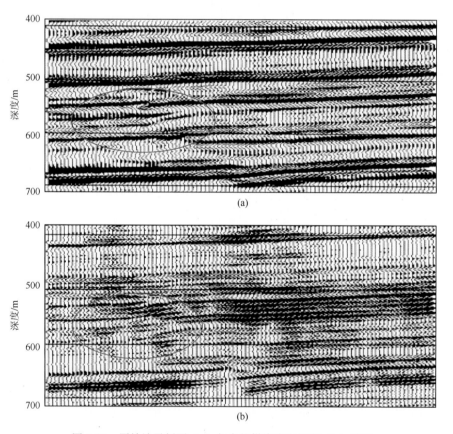

图 6-35　原始地震剖面（a）与自然梯度盲反褶积（b）结果

（7）"高分辨率"的实例。图 6-36 所示，剖面上岩性储层连续性很好，S302 井上倾 1000m 处为尖灭点，按照此解释点进行打井，但并没有打到实际储层位置，其原因在于实际尖灭点在其下方 300m 处。高分辨率过分处理是不保真的。图 6-37 是不同高分辨率处理阶段的频谱，使用高频算子，压制低频有效能量，企图扩展频带。剖面上没有真实反映储层特征，其原因在于剖面上低频信息缺失、频谱特征发生改变。

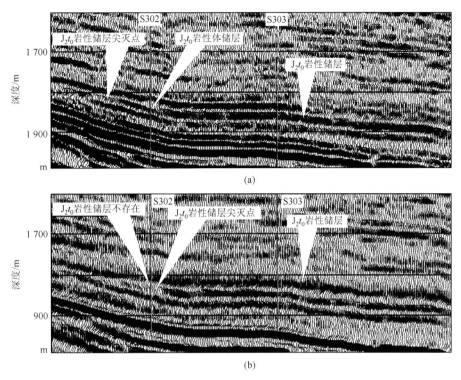

图 6-36 岩性油气藏两种处理方法的结果

（a）高分辨率、高信噪比处理方法；（b）相对保真处理方法

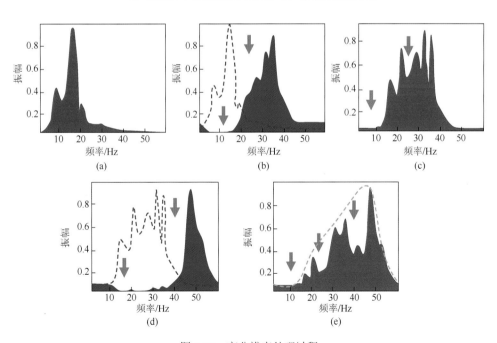

图 6-37 高分辨率处理过程

（a）原始单炮记录；（b）算子 F1（w）；（c）叠前反褶积；（d）叠后算子 F2（w）；（e）偏移后剖面

7 速度分析

7.1 速度谱

众所周知，信噪比、正常时差校正误差、排列长度、叠加次数、时窗大小、切除、速度采样密度、相干属性选择、数据的频谱密度等是影响地震资料分辨率和速度估算的主要因素[126]。例如，从图 7-1 和图 7-2 对比可以看出，不同速度谱的制作方法对深、浅层的地震资料响应的分辨率影响是不同的。

对速度谱能量团影响最大的是非双曲线正常时差校正误差和低信噪比，在这些条件下，构造复杂部位的速度难以准确分析出来。所以，对复杂区利用速度谱求取的叠加速度只是一个近似值，无法建立准确的速度场。

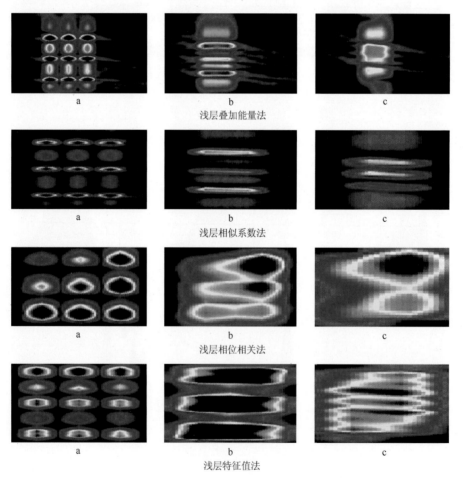

a   b   c

浅层叠加能量法

a   b   c

浅层相似系数法

a   b   c

浅层相位相关法

a   b   c

浅层特征值法

图 7-1 各种速度分析法浅层分辨能力的比较[127]

注：每组同相轴的时间间隔和速度间隔：模型 a 为 100ms，100m/s；模型 b 为 50ms，50m/s；模型 c 为 25ms，25m/s

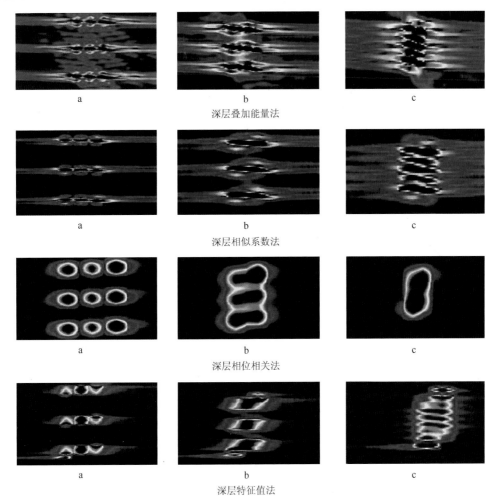

图 7-2 各种速度分析法对深层分辨能力的比较[127]

注：每组同相轴的时间间隔和速度间隔：模型 a 为 100ms，100m/s；模型 b 为 50ms，50m/s；模型 c 为 25ms，25m/s

7.2 常 速 扫 描

叠加速度求取的方法通常采用常速扫描法，该方法在一定范围内，将 CDP 叠加结果按速度从大到小的顺序进行排列，基于时间对同相轴产生的叠加响应原则，将叠加速度从常速叠加图像中选取出来[124]。

利用速度扫描方法求取的叠加速度不仅可以用来预测实际速度的范围，还应考虑以下两点：①叠加数据所需要的速度范围；②对这些速度进行试验，其所需要的间隔大小。在选择速度范围时，要同时考虑倾斜同相轴和不同层面反射，避免采用较大误差的高叠加速度。当选择等速度间隔时，要考虑对速度的估计是按照不同炮间距上的动校时差还是按照速度来做。所以，步长增量最好用相等的时差，而不是用校正速度增量，这样，可避免对高速度同相轴采样过密，而对低速度同相轴采样过稀。为解决这一问题，选取的增量应为两个相邻试选速度在最大叠加炮间距的时差，这个时差大约等于地震数据主周期的 1/3。

在地震数据处理时，有时需做切除处理，由于此原因，浅层数据的主周期较小，但炮间距短；而深层恰恰相反，所以采样所需的叠加速度数目可大幅度减少。

常速扫描法与速度谱法存在一定的差异，前者依据叠加同相轴的横向连续性而不是地震道的互相关。所以，对于多层发射的数据，速度谱法更适用，而常速扫描方法则可处理复杂构造问题，但前提是地震资料具有较高的信噪比[126]。

7.3　变速扫描

常数扫描法在低信噪比和复杂构造地区求取的叠加速度只是近似值，而变速扫描方法则可获取较精确的速度，该方法求取速度的实现过程为[6]：

（1）针对信噪比高的地区，利用常数扫描方法求取速度；

（2）以求取的速度为中心速度，以一定百分比速度间隔向两边递增，变速扫描出多条叠加剖面；

（3）根据构造复杂程度，确定 CMP 交互速度分析点的个数；

（4）速度的大小依据道集同相轴的拉平程度、相关谱的能量以及叠加谱的成像特征来确定；

（5）对拾取的速度进行空间和时间方向速度异常值的编辑处理或做平滑处理，获取最终的叠加速度场。

变速扫描法能求取较精确叠加速度的原因在于该方法考虑了速度在空间方向上的横向变化和反射同相轴在时间方向上的强弱[6]。

图 7-3 和图 7-4 是交互速度分析部分图件。交互速度分析可非常灵活地显示前后左右

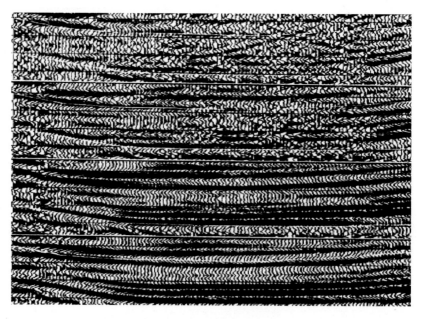

图 7-3　交互常速扫描分析

和当前的多个速度分析点的速度曲线,从这些速度曲线上可方便地监控空间方向构造的变化趋势。在时间方向上,只要分析某一反射同相轴在这条变速扫描叠加剖面上的强弱,就可较为准确地求取叠加速度。

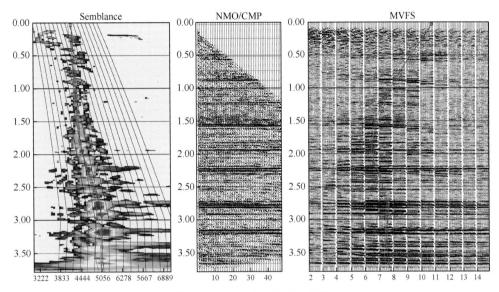

图 7-4　变速扫描求取叠加速度

速度倒转的现象经常出现在大型推覆构造的区域,由于断层多,地层产状不清晰,这些因素直接造成速度谱上的能量不集中,即使用复合速度谱,也很难进行速度解释。针对这一问题,利用以上三种叠加速度相结合的方法进行叠加速度的选取,使叠加速度更加精确,从而准确确定地层产状,避免虚假构造的产生[126]。

7.4　速度计算方法

(1)简单速度分析方法。该方法利用最小二乘法拟合曲线,利用共炮点道集的初至时间与炮间距的关系进行曲线拟合,拟合后的曲线斜率的导数即为折射波的速度。该方法对于处理地形平坦或界面倾角较小的地区求取速度较精确,当不满足上述条件时,其精度较低,同时对观测系统不作要求[128]。

(2)CMP 速度分析方法。该方法同样利用最小二乘法拟合曲线。首先将共炮点道集拾取的初至时间抽成 CMP 道集,然后在 CMP 道集中拟合初至折射波时距曲线,该曲线斜率的倒数为折射层的速度。与简单速度分析方法相比,参与计算的数据较多,求取的速度误差较小[128]。

(3)互换速度分析方法。图 7-5 为互换速度分析方法原理图,图中列举了 5 个接收道($D_1 \sim D_5$),A 与 B 为两个炮点,简单描述了该方法的实现原理。

$$T_{AD_1} = T_A + T_{D_1} + \frac{x_{AD_1}}{v_R} \tag{7-1}$$

$$T_{BD_1} = T_B + T_{D_1} + \frac{x_{BD_1}}{v_R} \tag{7-2}$$

式中，T_A、T_B、T_{D1} 分别表示 A、B、D_1 点处的延迟时；x_{AD_1} 为 A 与 D_1 之间的距离；x_{BD_1} 为 B 与 D_1 之间的距离；T_{AD_1}、T_{BD_1} 分别表示两点间的折射波旅行时；v_R 表示折射层速度。

由式（7-1）、式（7-2）得

$$T_{AD_1} - T_{BD_1} = T_A - T_B + \frac{x_{AD_1} - x_{BD_1}}{v_R} \tag{7-3}$$

令

$$\Delta x = x_{AD_1} - x_{BD_1}, \quad \Delta T = T_{AD_1} - T_{BD_1}$$

同理，可得到 5 组 ΔT、Δx。

将 5 组 $\Delta x - \Delta T$ 关系标在直角坐标系中（图 7-6），采用最小二乘拟合方法，求得折射层速度。该方法适用于中间或双边放炮观测系统，其求取的速度精度高于简单速度分析方法与 CMP 速度分析方法。同样，它可以扩展到三维情况。

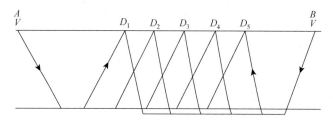

图 7-5　互换速度分析方法原理

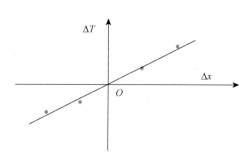

图 7-6　互换速度分析方法

（4）模型法。该方法实现过程：首先建立层速度模型，并求取反射波时距曲线，可用射线追踪法实现；然后模拟速度谱法，用理论曲线拟合，求取叠加速度；最后，将求取的叠加速度与速度谱上的叠加速度进行比较，不断更新速度模型，使误差达到允许的范围，在此条件下的模型被认为是正确的。

在计算时，该方法主要步骤有[129]：①求出建立模型时所需要的参数，即反射层的双程旅行时间、叠加速度和水平叠加剖面上计算点处的时间斜率；②求取层速度时，假设第一层均匀，并确定第一反射界面的位置；③对第二层介质做倾角时差校正处理，并用 Dix

公式或斜率法求出该层层速度；④根据实际野外采集的观测系统，计算该层底界面反射波在 CMP 道集上的时距曲线，并拟合该曲线，求取叠加速度；⑤比较求取的叠加速度与实际叠加速度的误差，若在误差范围内，层速度就是所求的数值，否则继续④中的步骤，直到满足为止；⑥以此类推，分别计算以下各层的速度。

这种模型计算方法可以适用各种地层倾角，且精度较高。

7.5　速度场建立

为了提高速度精度、搞清速度横向变化规律，应建立全区的速度场。其中包括各反射层 T_0 图数据、叠加速度、层速度、平均速度和均方根速度等数据库。速度场的建立需要经过多次不断更新完成，在使用过程中，需根据实际资料情况不断更新速度，使其精度不断提高[130]。

7.5.1　速度场数据库建立

（1）选取工区内各主要反射层作控制层位，在平面上拾取各层 T_0 值建立 T_0 图数据库。

（2）利用叠加速度和各反射层的 T_0 值计算各主要大层（即控制层）的层速度。

（3）对大层速度进行平面平滑。

（4）对大层层速度再进行细分，计算层速度，并进行平面平滑。这是因为通过一些模型试算，无论用以上提到的哪种方法计算，所得的大层层速度都不是这套地层的平均速度。要想使之更接近真实的层速度，层分得越小越好。因此，当各控制层太厚时，应以各大层速度作控制进一步细分计算。

（5）利用井的 VSP 和钻井等资料对以上得到的速度场进行控制和校正，得到最终速度场，并可用于作图。

7.5.2　速度场数据库的构成

速度场数据库的构成主要分为以下几部分，即数据准备、建立工区和速度应用等。

1）数据准备

数据的准备工作包括建立下列几种数据：野外测量成果数据库、原始叠加速度数据库、浮动基准面高程数据库、T_0 层位数据库和 VSP 测井及钻井等资料数据库。

2）建立工区

（1）建立工区参数，即工区范围、大小，以便从全区数据库中提取相应的数据；

（2）补充新的资料，建立并整理中间速度成果库；

（3）进行层速度计算、平滑和用井资料校正，建立最终速度数据库。

3）速度应用

速度的应用，主要是利用所建的速度库，用系统中的一些功能模块提取并产生各种速度剖面和平面图件供速度研究、时深转换应用。

7.5.3　结论

在地震资料解释中，首先知道的只是各反射界面的反射时间，而最终目的是要知道各反射界面的深度，这就需要求出每一点、每一 T_0 时间的速度。而以往用统一速度作图，即用一简单的线性或非线性函数，使得空间每一点的速度只是随 T_0 的变化而线性或非线性的变化，这样不同点用同一速度，不同 T_0 时间用同一速度，其误差是非常大的；特别是在速度纵、横向变化剧烈的复杂地质条件下，更难使用统一的理论速度曲线去拟合实际速度规律，其误差可想而知。

建立速度与空间点的对应关系，在任何时间和位置，有唯一的速度与之对应。利用偏移的方法对 T_0 图进行偏移处理，得到地质构造准确归位的剖面图。同样，可对其做平面速度切片处理，为地质研究作铺垫[130]。

其优点在于以下几点。[131]

（1）计算层速度时不用 Dix 公式，而是用更高精度的层速度计算方法。

（2）对层速度进行平滑处理，比对其他速度平滑处理更合理，特别是在复杂构造带，先前的平滑处理方法会产生平均效应，影响构造形态；为提高速度场的精度，可利用钻井资料对速度进行校正，这为研究分析大量的速度数据提供了依据，能够及时、快速、准确地进行速度提取和作图等。

（3）保证了各工区研究区块图件的连续性，保证了上下层间的协调，为了提高时深转换的精度以及小幅度构造成像的精度，需选取合适的层速度进行处理。

8 各向异性的处理

8.1 各向异性的起因

（1）层理（fine layering）（在沉积盆地中），泥岩层理引起各向异性；
（2）岩性结构（rock fabrics）、微裂（cracks）、节理（joints）、裂缝（fractures）；
（3）岩性（lithology）（页岩（shale），黏土（clay）），集结的矿物；
（4）定向应力；
（5）地震探测的各向异性；
（6）地层介质的非均质性。

总之，各向异性是普遍现象，而各向同性则是理想的情况。各向异性几乎都是由地质上的不均匀性的引起，如层理、裂缝等。

8.2 各向异性的应用

8.2.1 层状介质的各向异性体

图 8-1 所示为垂向轴对称的横向各向同性体（VTI）。

1. 高阶速度分析

地震仪器装备的不断进步，极大地提高了仪器的道接收能力。针对深部地质目标的勘探需求，地震接收排列长度逐渐增加，原来基于常规排列长度的动校正速度分析方法已难满足长排列的要求，为此研究应用更高精度的速度分析方法势在必行。高阶速度分析（四次项速度分析）正好满足了这一需求，在长排列的地震数据处理中发挥了重要的作用。

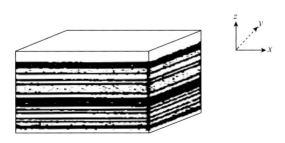

图 8-1　层状介质引入的 VTI 各向异性体

在常规地震勘探数据处理中，速度分析是指双曲线动校正速度分析。对于大多数地质目标及常规炮检距地震数据，双曲线动校正能够满足共中心点叠加假设[132]。在地震数据资料处理中，获得更多的振幅信息是数据资料处理的要求。对于大偏移距的地震记录，在数据处理时，长炮检距的振幅信息较弱，不易获取，但由于 AVO 技术的发展，使得获取超长炮检距记录的振幅信息成为可能。对于超长炮检距地震记录，作双曲线动校正处理时，其叠加成像结果不精确。针对这一问题，需做动校正修正，达到超长炮检距数据动校正的要求[132]。其实现方法是在双曲线动校正公式（式（8-1））中增加一个四次项，补偿射线弯曲与各向异性问题，如式（8-2）所示。

$$T_x^2 = T_0^2 + \left(\frac{x}{v}\right)^2 \tag{8-1}$$

$$T_x^2 = T_0^2 + \left(\frac{x}{v}\right)^2 - \left(\frac{x}{W}\right)^4 \tag{8-2}$$

式中，x 为炮检距的绝对值；T_0 为零炮检距反射波的双程旅行时；T_x 为炮检距 x 处的反射双程旅行时；v 为从双曲线动校正得到的动校正速度；W 为四次项系数。

高阶速度分析可由式（8-2）来完成。其实现过程可分为三个步骤[132]：第一步进行双曲线动校正，如式（8-1）所示；第二步在双曲线动校正后的数据中进行反四次项线性校正，如式（8-3）所示，其线性校正速度为 v；第三步进行四次项线性校正，如式（8-4）所示。其中，u 为四次项线性校正伪速度。

$$T_x^2 = T_0^2 - \left(\frac{x}{2v}\right)^4 \tag{8-3}$$

$$T_x^2 = T_0^2 + \left(\frac{x}{2u}\right)^4 \tag{8-4}$$

实现过程如图 8-2～图 8-6 所示。图 8-2 中直线 b 为经过高阶动校正的理想结果；曲线 c 为原始输入数据，即共中心点道集数据；曲线 a 为经过双曲线动校正后的结果；直线 d 的右边为双曲线动校正后的切除区；直线 f 为一参考直线；曲线 e 为应用反四次项线性校正后的结果；曲线 g 为应用四次项线性校正后的结果。

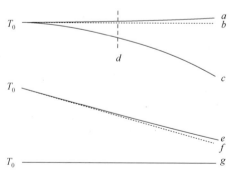

图 8-2　四次项动校正过程示意图

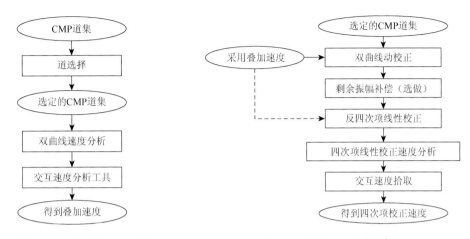

图 8-3 步骤一：常规的双曲线速度分析   图 8-4 步骤二：四次项校正

　　图 8-3 为常规双曲线速度分析流程图，其要求是炮检距范围不大于正常炮检距，输入给定的 CMP 道集，并在该道集上选取数据，对其做双曲线速度分析处理，为得到最终的叠加速度，需对已有的速度做交互速度分析处理。

　　图 8-4 为四次项动校正流程图。CMP 道集为输入道集，在此处理流程中，剩余振幅补偿处理可选做。之后，需做反四次项线性校正处理，该处理过程中需选定一定速度，利用该速度消除超大炮检距数据校正过量的问题。最后，为获取四次项速度，需做四次项线性校正速度分析或其他等效处理，该工作是在做交互速度拾取处理前完成。在图 8-5 中，首先利用双曲线动校正法对给定的 CMP 道集中的全部炮检距记录数据进行处理，然后在完成以上工作的基础上，对所获取的数据进行反四次项线性校正处理。以上两步处理均需要利用到速度，而该速度为双曲线动校正速度。

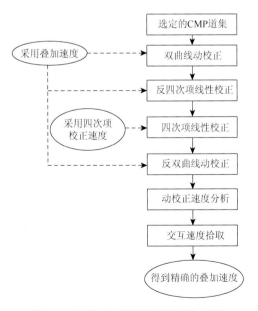

图 8-5 步骤三：得到精确的叠加速度

　　进行四次项线性校正处理时，所用到的速度为四次项校正速度，在此处理基础上做反动校正处理，其应用速度为双曲线动校正速度，在交互速度拾取前，需要计算精确的叠加速度，该速度可通过做四次项校正速度分析或其他等效处理手段获取[132]，如图 8-6 所示。

　　图 8-7 为经四次项校正处理后的实际地震数据效果。

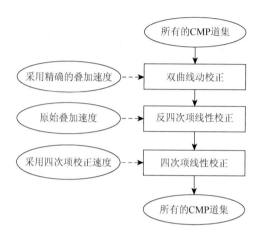

图 8-6　步骤四：四次项校正的应用

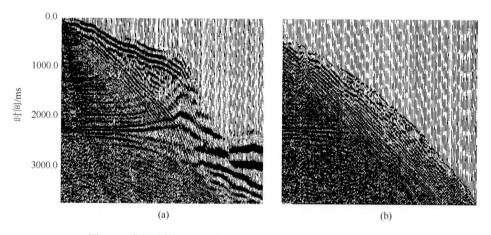

图 8-7　常规动校正（a）与高阶动校正（b）CMP 道集的对比

2. 视各向异性速度分析

　　地震勘探中，地层的各向异性的体现主要表现在激发的地震波速度在地层介质中传播时与其传播的方向有关。在水平层状介质（VTI）中，地震波的传播速度随着入射角的增大而增大，这说明当地震波垂直于水平层状介质传播时，其速度最小。地震波在地下介质中传播，其传播路径是弯曲的，当入射角 θ 值大于 35° 时，其正弦值的高次项不可忽略，因为在对 CMP 道集数据做常规的双曲线校正时，其校正会过量[133]。该问题被认为是射线弯曲与各向异性的问题。

为了描述地震波传播过程中的各向异性问题，特别是对于水平层状介质（VTI），Thomsen 在 1986 年重新定义了 5 个弹性常数，即垂直方向的纵波速度 ∂_0、横波速度 β_0 及描述各向异性程度的 3 个参数 ε、δ 和 γ。其中：

$$\partial_0 = \sqrt{\frac{c_{33}}{\rho}} \tag{8-5}$$

$$\varepsilon = \frac{c_{11} - c_{33}}{2c_{33}} \tag{8-6}$$

$$\beta_0 = \sqrt{\frac{c_{44}}{\rho}} \tag{8-7}$$

$$\delta = \frac{(c_{13} + c_{44})^2 - (c_{33} - c_{44})^2}{2c_{33}(c_{33} - c_{44})} \tag{8-8}$$

$$\gamma = \frac{c_{66} - c_{44}}{2c_{44}} \tag{8-9}$$

式中，c_{ij} 为各向异性介质弹性参数。

沉积岩大多表现为弱各向异性的特征，其参数 ε、δ 和 γ 的值一般不大于 0.2，在数量级上，三个参数相同。在地震勘探中，对各向异性的研究与应用建立在弱各向异性的假设条件下。当参数 $\varepsilon = \delta$ 时，该问题就成为椭圆各向异性问题[132]。在地震波传播时，其波前形状不发生改变。如图 8-8 所示，$\alpha(\theta)$ 表示纵波传播的相速度，α_h 表示纵波在水平方向的传播速度，可表示为

$$\alpha(\theta) = \alpha_0(1 + \delta\sin^2\theta\cos^2\theta + \varepsilon\sin^4\theta) \tag{8-10}$$

$$\alpha_h = \alpha_0(1 + \varepsilon) \tag{8-11}$$

可以推导出

$$\varepsilon = \frac{\alpha_h - \alpha_0}{\alpha_0}$$

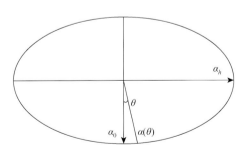

图 8-8 椭圆各向异性示意图

各向同性介质的旅行时方程为

$$t^2 = t_0^2 + \frac{x^2}{v_{NMO}^2} \tag{8-12}$$

Tsvankin 和 Thomsen 在 1994 年给出水平层状介质的纵波旅行时方程

$$t^2 = t_0^2 + A_2 x^2 + \frac{A_4 x^4}{1 + A x^2} \tag{8-13}$$

式中，t 为炮点到检波点的旅行时间；t_0 为零偏移距双程旅行时；x 为炮检距。

$$A_2 = \frac{1}{\alpha_0^2 (1 + 2\delta)} \tag{8-14}$$

$$A_4 = -\frac{2(\varepsilon - \delta)[1 + 2\delta(1 - \beta_0^2/\alpha_0^2)^{-1}]}{t_0^2 \alpha_0^4 (1 + 2\delta)^4} \tag{8-15}$$

$$A = \frac{A_4}{\alpha_h^{-2} - A_2} \tag{8-16}$$

同时，又给出一个新的有效各向异性参数 η，这里 $\eta = \dfrac{\varepsilon - \delta}{1 + 2\delta}$，当 $\varepsilon = \delta$（椭圆各向异性）时，式（8-13）为

$$t^2 = t_0^2 + A_2 x^2 = t_0^2 + \frac{1}{\alpha_0^2 (1 + 2\delta)} x^2 \tag{8-17}$$

称为视各向异性旅行时方程。

从图 8-9 可见，各向同性介质模型的 CMP 道集经过 NMO 校正后在 2300～3900ms 的远道明显有动校正过量的现象；图 8-10 所示的各向同性介质模型经过视各向异性校正（VVO）后的 CMP 道集在 2300～3900ms 的远道比图 8-9 有明显改善；图 8-11 所示各向异性介质模型经过 NMO 校正后的 CMP 道集在 2300～3900ms 的远道动校正过量现象相比各向同性介质模型（图 8-9）更加严重；图 8-12 所示的各向异性介质模型经过视各向异性校正后的 CMP 道集在 2300～3900ms 的远道比图 8-11 有明显改善；图 8-13 各向异性介质模型经过时变视各向异性校正后的 CMP 道集在 2300～3900ms 的远道与视各向异性校正结果（图 8-12）相比，动校正精度高。

图 8-14（a）经过 NMO 的 CMP 道集中的远炮检距道校正过量情况严重，经过四次项校正的道集校正过量情况有所改善，见图 8-14（b）。经过弯曲射线校正的 CMP 道集校正过量情况有进一步改善，见图 8-14（c）。经过时变视各向异性校正的 CMP 动校正效果最好，远炮检距道基本校平，见图 8-14（d）。

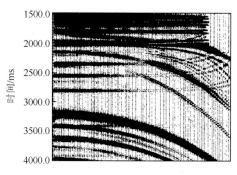
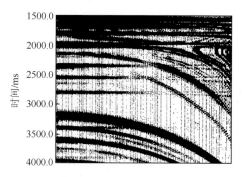

图 8-9　各向同性模型经过 NMO 校正后的　　　图 8-10　各向同性模型经过视各向异性校正的
　　　　　CMP 道集　　　　　　　　　　　　　　　　　　CMP 道集

图 8-15 为经过时变视各向异性校正的 CMP 道集，比 NMO 的 CMP 道集的远炮检距道校正效果好，经过时变视各向异性校正后的叠加剖面比 NMO 的叠加剖面效果明显改善。

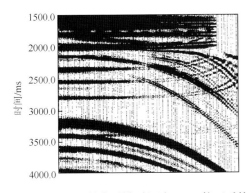

图 8-11　各向异性介质模型经过 NMO 校正后的
CMP 道集

图 8-12　各向异性介质模型经过视各向异性校正
后的 CMP 道集

图 8-13　各向异性介质模型经过时变各向异性校正后的 CMP 道集

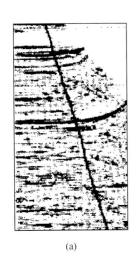

(a)　　　　　　　　(b)　　　　　　　　(c)　　　　　　　　(d)

图 8-14　经过时变视各向异性校正的 CMP 道集效果图

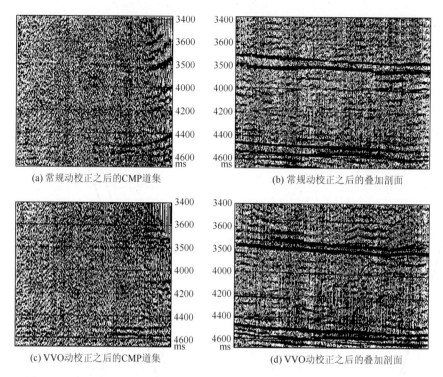

(a) 常规动校正之后的CMP道集　　　　　　(b) 常规动校正之后的叠加剖面

(c) VVO动校正之后的CMP道集　　　　　　(d) VVO动校正之后的叠加剖面

图 8-15　实际资料的常规动校正与视各向异性动校正的 CMP 道集和剖面对比

8.2.2　裂缝引起的各向异性体

图 8-16 所示为水平轴对称的切向各向同性体（HTI）。

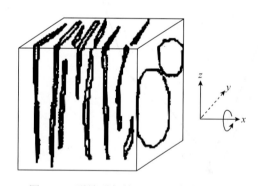

图 8-16　裂缝引起的（HTI）各向异性体

1. 利用三维 P 波资料检测储层裂缝的理论要点[134]

在对区域裂缝的研究中，成像测井（FMI）方法并不适用，但利用构造应力场数值对裂缝进行预测是可行的，这是由"经验"所得。在理论上，其无法描述裂缝的存在。目前，随着对地震资料处理所获剖面的分辨率的提高，地球物理方法在储层裂缝检测中尤为重要。

　　利用地球物理检测裂缝的方法有多种，例如，利用 S 波与 P 波对各向异性敏感性的差异，可利用 S 波进行裂缝预测，但考虑到利用 S 波处理的成本问题，利用 S 波进行裂缝的预测并不可取。另外，井中 VSP 探测范围较小，对于大区域裂缝检测不可用，而多分量转换波裂缝检测技术较为复杂，无法应用到实际生产中。近年来，对裂缝的研究通常使用 P 波资料或三维叠前地震数据。

　　（1）Castagna 对全世界采集的 25 组岩样进行了分析，认为裂缝可用纵、横波速度波差进行反映。裂缝性地层的速度可表示为[135]

$$V(a) = A + B\cos[2(\varphi - a)]$$　　　　　（8-18）

式中，A 为骨架速度；B 为速度随方位的变化量（与裂缝发育程度有关）；φ 为速度峰值方位（即裂缝方向）；a 为测线方向。

　　（2）西方公司对裂缝的研究认为，经叠加处理后的 P 波资料，其瞬时振幅可用 2 倍的冲击方位周期函数表示为

$$A_1 = A + B\cos(2\varphi)$$　　　　　（8-19）

式中，A 为平均振幅；B 为振幅随方位的变化量；φ 为冲击方位；B/A 为裂缝密度的增量（一个裂缝密度的定性测量）。图 8-17 为川东北嘉二段储层预测的实际应用，该图展现了裂缝的强度和其方向的分布，它们与大断裂的分布相关联。

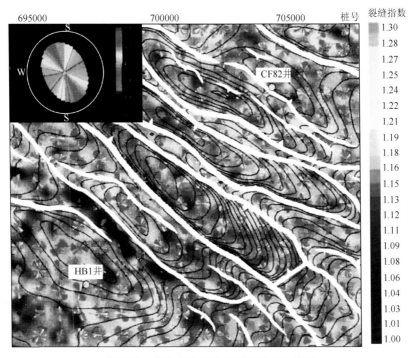

图 8-17　川东北嘉二段储层裂缝方向检测

　　（3）Lynn 等的研究结论为：经 AVO 处理发现，速度随方位变化与振幅随方位变化相关（图 8-18）。实际资料证明，速度随方位变化与振幅随方位变化是一致的。这是 6 个方位角度的方位道集，椭圆是储层段统计的各方位振幅。

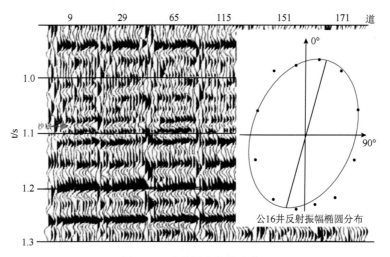

图 8-18　速度随方位的变化

2. HTI 介质纵波方位各向异性正演模拟[136]

图 8-19 所示为不同炮检距旋转方式的观测记录，该图说明如下。

（1）相同炮检距下裂隙顶层面的纵波反射时间是一致的；

（2）裂隙底界面反射时间随方位而变化；

（3）裂隙底界面反射时间随炮检距而变化。

图 8-20 为不同炮检距下裂隙顶界面振幅与反射系数归一化数据的对比，图 8-21 为不同炮检距下裂隙底界面振幅与反射系数归一化数据的对比。图 8-20 和图 8-21 说明：①反射系数随方位而变化；②顶、底反射系数随炮检距而变化；③炮检距一定的情况下，裂隙底界面反射系数大于顶界面反射系数。总之：①纵波穿过裂隙后，反射时间随方位而变化；②裂隙介质顶、底界面对纵波的振幅有影响，炮检距越大，振幅变化越大；③通过正演模拟计算的反射系数和实验提取的振幅值变化趋势一致，充分证明了通过全方位地震资料（P波）预测裂缝是可行的。

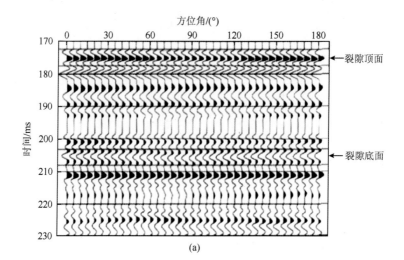

(a)

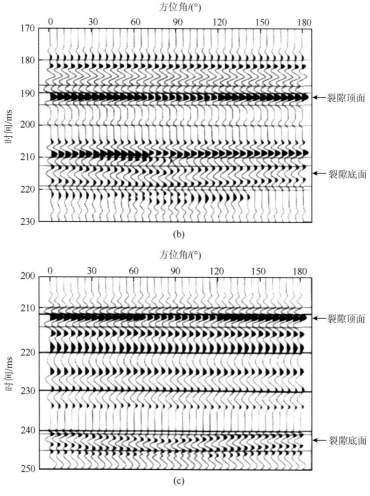

图 8-19 不同炮检距旋转方式观测记录[136]

3. 宽方位角地震资料处理存在的主要问题

地下地层可分为各向同性地层或 VTI 地层，在各个方位角方向上，上覆地层的速度是常数，但对于叠加速度，方位角发生变化时，该速度也随之发生变化。在坐标系中，将叠加速度设为极径，方位角设为极角，在此条件下所得的图形为一个椭圆，它告诉处理人员需要做倾角-方位角校正[137]。

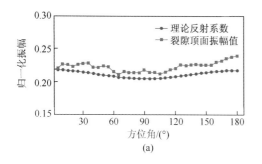

(a)

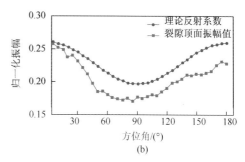

(b)

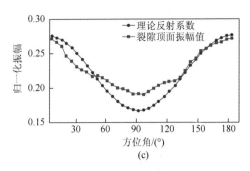

图 8-20　不同炮检距下裂隙顶界面振幅与反射系数归一化数据对比[136]

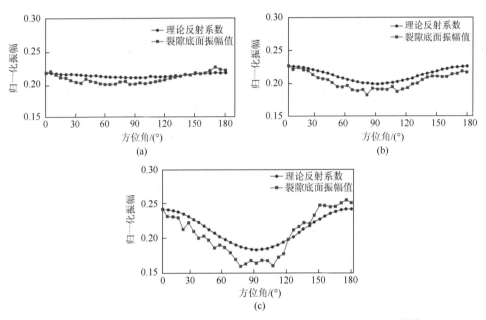

图 8-21　不同炮检距下裂隙底界面振幅与反射系数归一化数据对比[136]

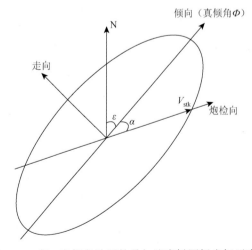

图 8-22　有一定倾角地层的叠加速度椭圆极坐标示意图

由于地层倾角会引起时差问题，该问题可利用倾角-方位角时差校正（DAC）方法解决。很明显，DAC 校正和静校正方法存在差异，经 DAC 校正方法处理的每一道校正量，其随反射时间变化而变化。DAC 校正法与 DMO 校正法也存在差异：DAC 校正法无法解决道的空间横向移动问题，但可避免倾角对旅行时的影响，其作用在于求取地层速度和剩余静校正量；相反，DMO 校正法可解决 DAC 校正法无法解决的问题。

9 三维地震资料处理

9.1 三维网格定义

三维处理过程与二维处理过程相比仅多一个网格定义。

9.1.1 为什么要定义网格

网格是用来定义 CMP 位置的。将数据的反射点位置划分为 CMP 单元并排序。如果改变面元大小就必须重新定义网格，网格定义模块（GRID_DEFINE）仅是定义或修改道头中的网格和与网格有关的相应属性参数，实际道集的形成还必须通过选排来实现。

9.1.2 网格定义方法

（1）选择已知点坐标，所谓"已知"就是这个坐标必须与 CMP 点坐标有关系。一般情况下，首选检波点，特别强调用设计的标准检波点坐标，而且检波点范围也比较大，其桩号的编排一般呈矩形分布。

（2）网格的方向性（图 9-1）：①网格的方向性由四个点（MG1，MG2，MG3 和 MG4）来定义，MG1 为原点，MG1 到 MG2 为 PRIM 方向，MG1 到 MG3 为 SEC 方向，PRIM 垂直于 SEC 方向；②PRIM 方向的实际意义为主测线方向，一般指垂直于构造走向的方向，或叫纵向。SEC 方向指横向，即一般指构造的轴向。

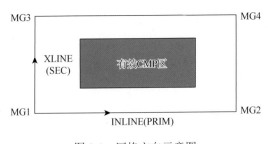

图 9-1 网格方向示意图

（3）CMP 号的编排顺序：①PRIM 方向称为点号，SEC 方向称为线号，3D 中的一个点可由某线某点确定。②CMP 号的编排顺序为全区连续编排。从原点出发序号为 1，即第一条线的第一个点，依次由低点号到高点号并由低线号到高线号连续编排，即从 MG1 点一直到 MG4 点。③INDEX 编号全为正号，而 PRIM 和 SEC 则可以有正有负，但全包含在 INDEX 中。一般正的编号指有效数据编号，而负的值为无效编号。

9.1.3 网格交互定义法

（1）交互的目的：通过交互将已知的初始坐标变换为最终的网格坐标，使该网格坐标代表实际资料处理中各有效反射剖面的实际位置，并符合设计的要求。

（2）保证网格坐标落在 CMP 反射点上：①网格即指格子线的交叉点，这些交叉点即为面元的中心。②从某一个检波点坐标出发，寻找它最近的反射点位置，以这个最小距离确定一个最小面元作为初始的网格大小（若炮点就在检波点上，那反射点也就在检波点上，这是最简单的情况）。

（3）扩展网格有两个功能：①把检波点坐标变成反射点坐标。②保证网格能包含所有炮、检点位置。扩展时，向外扩展为正值向内扩展为负值。

（4）网格的编辑有两项功能：①确定最终网格的大小，或修改网格的大小。②确定 PRIM 和 SEC 两方向的起点，即 PRIM 和 SEC 检索系列与 Index 检索系列是否相同。

（5）网格的输出：Ω 系统中，网格确定后，即可输出作记载以备后用。

（6）查寻（坐标变换）已知点号和线号、某点坐标、某 CMP 点或 Index 号，可以查找到以上除自身以外的所有号数。

9.1.4 网格的应用

（1）应用模块（GRID_DEFINE）：①网格的最终应用，在该模块中加入交互中所定的最终网格。②该模块中还有很多参数，其关键是判断用在叠前还是叠后；③其他 UPDATE 参数，依据实际情况，要修改就用 UPDATE，不修改就用 same；④应用该模块或修改了网格后，则数据必须重新选排。

（2）主网格与处理网格一般处理较大的 3D 数据，当只须处理局部时，就可以用处理网格定义，它只用 PRIM 和 SEC 定义需要处理的部分点数即可。

（3）可以定义新的网格起点和方向（即换个方向处理）。

（4）有了网格定义，则数据道头中就有了正负炮检距的概念，点、线号中就有了中心（centre）和重心（centroid）之分，这都是有用途的特征值。

（5）检验各道记录是否落入各自的网格，即检验网格的正确性只能依覆盖次数、最大和最小偏移距分布。凡是不均匀之处都能在观测系统上找到依据，一般分布比较均匀就是合理的。

9.2 宽线地震勘探技术

在低信噪比地区，采用宽线方式采集，能够提高地震资料的质量。图 9-2（a）为 2003 年油泉子地区 03039 线采用纵宽线采集的实验（纵向 10m，垂直方向组合基距 110m）所得的剖面，与相邻的 02037 线（图 9-2（b））相比，地震资料的质量有较大的改善，这说明横向排列拉开效果明显。同时，1053 线采用高密度、高覆盖的采集方式（10m 道距），然后进行 10m 变 20m 的抽道试验，发现质量并没有降低（如图 9-3）。

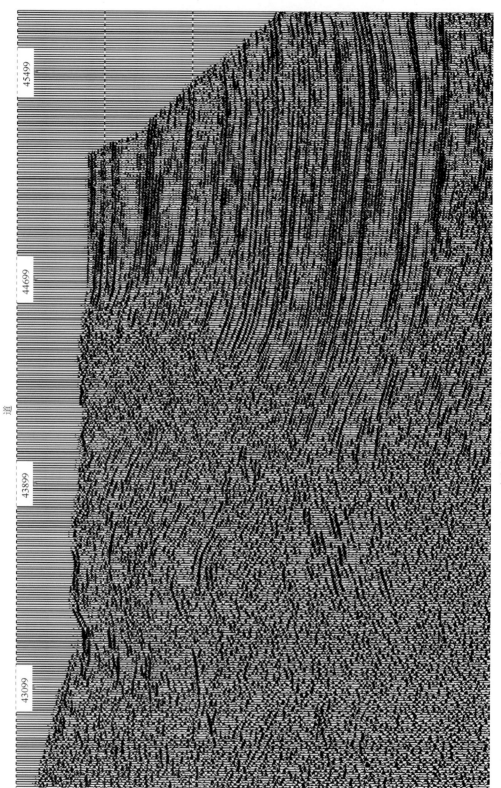

(a) 青海油泉子地区攻关03039宽线剖面

(b) 青海油泉子地区02037剖面

图 9-2 青海油泉子地区测线剖面

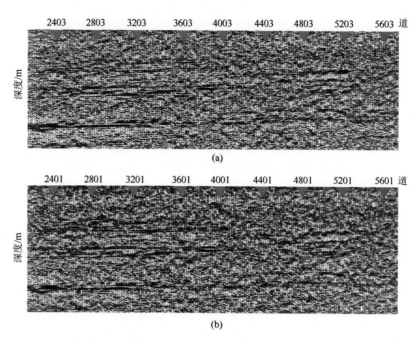

图 9-3　青海油泉子地区 1053 线高密度采集剖面

（a）10m 道距剖面；（b）抽成 20m 剖面，其 S/N 并未改变

实际上，宽线资料处理是按三维方式进行的，只是面元的形状横向上比较宽而已。这样，对压制次声干扰效果明显。图 9-4 为新疆西秋立塔克地区剖面对比，图（a）为 1999 年单线 120 次覆盖，图（b）为 2007 年宽线 480 次覆盖剖面，其信噪比和分辨率都有很大提高。

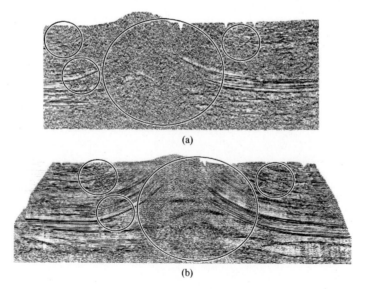

图 9-4　新疆西秋立塔克地区实验剖面对比

（a）1999 年单线 120 次覆盖；（b）2007 年宽线 480 次覆盖（检波器横向拉开组合）

9.3   三维连片处理技术

油气勘探由构造勘探逐步向岩性勘探转变，然而识别岩性圈闭需要高品质的地震资料。目前，由于同一工区三维采集的施工进度及程度不同，导致同一工区由多个三维勘探区组成。对工区进行整体研究，工作时，不同区域的资料本身的参数不同，导致进行拼接时出现品质不一致等问题。以准噶尔盆地玛湖斜坡区为例，该区由风城南、艾里克湖和玛2井区三个不同的三维区块组成（图9-5），由于各区块采集时间不同，而且区块的地质任务和处理目标也有差异，导致资料的能量、频率、相位均不一致，信噪比和分辨率也有差异，给岩性资料解释带来了很大的不便。对此，提出了相对保幅地震数据连片处理方法，该法有3个关键技术，即子波处理、面元均化处理和连片野外静校正处理。

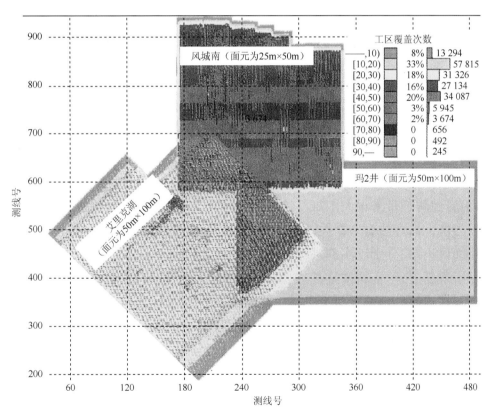

图9-5   准噶尔盆地西北缘风城南区、艾里克湖区、玛2井区三块三维连片反射面元覆盖次数分布[141]

9.3.1   子波处理

地震子波在地下传播时，由于各种因素（岩性、低降速带、激发、接收条件的不同等）的影响，随传播距离的增加而变化，从而导致记录的振幅、相位、频率、波形等特征差异很大。用反褶积方法消除风城南、艾里克湖区、玛2井区资料的频率差异（前两者为井炮资料，后者为可控震源），并根据三者不同的频宽采用不同的预测距离，反复试验。根据结果，最终采用地表一致性与单道反褶积的组合方式，图 9-6 是三工区反褶积前、后频谱对比，显然，各区频率差异缩小了，且频带也拓宽了。图 9-7、图 9-8 为三区之间的拼接剖面，说明之间同相轴衔接较好。

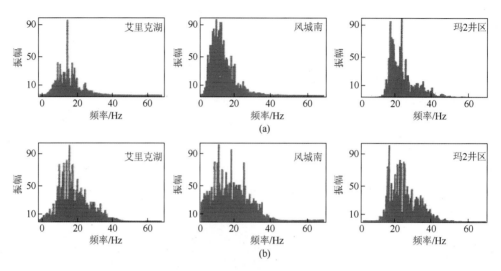

图 9-6　3/T 工区重叠部分反褶积前（a）、后（b）频谱对比[141]

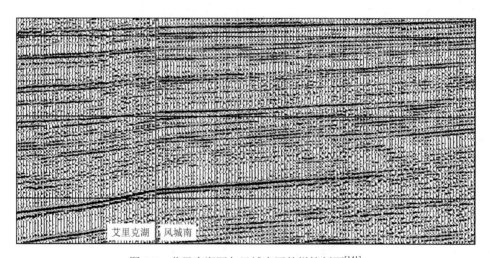

图 9-7　艾里克湖区与风城南区的拼接剖面[141]

9.3.2　面元均一化处理

三个区的面元大小不一致、施工方向不一致，因此，需作面元均一化处理。玛 2 井区和风城南施工方向一致，面积也处主导地位（图 9-5），最终定网格方向以此为主。面元大小采用折中方案，定为 50m×100m，其中有少部分面元有零现象，可通过向周围借道的均一化处理解决。

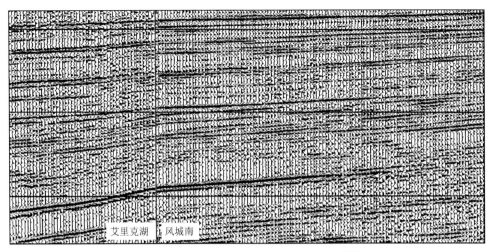

图 9-8　艾里克湖区与玛 2 井区拼接剖面[141]

9.3.3　静校正方法

通过试验，充分利用野外调查的数据库资料，采用连片综合静校正的办法，建立全区统一的低降速带层速度和厚度模型，计算统一静校正量（图 9-9）。图 9-10 为静校正前（下）、后（上）的叠加剖面，可见各层同相轴衔接比较好。图 9-11 为最终处理结果与老剖面的对比，工区间无拼接痕迹，剖面整体特征一致，同相轴连续性好。图 9-12 为最终成果目的层切片，效果很好。

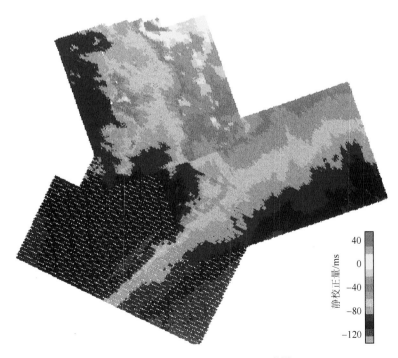

图 9-9　连片静校正量平面显示[141]

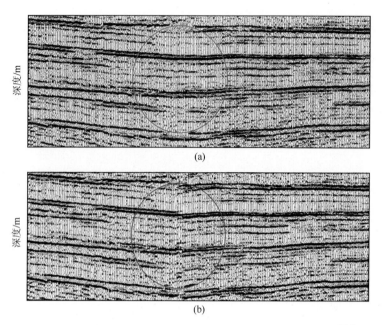

图 9-10　连片静校正（a）与分片静校正（b）的地震剖面对比[141]

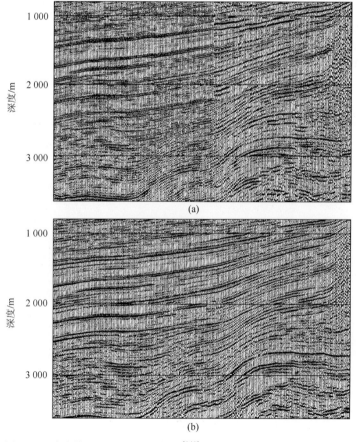

图 9-11　连片前（a）、后（b）剖面[141]处理效果对比（Inline300 线）

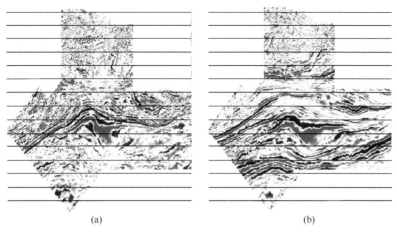

图 9-12　最终成果数据体目的层切片[141]

（a）2000ms；（b）2400ms

9.3.4　歧口三维连片实例

　　该区 1985～2004 年先后采集 26 个三维小区块，图 9-13 为连片三维区块，面积近 3000km²，完钻探井 1126 口，共发现 9 套含油气层系，石油资源量大于 10×10^8t，天然气 超 2000×10^8m³，已建成 12 个油气田。该区由 38 口井的声波速度建场，再引入井位、层 位控制形成最终的成图速度场。图 9-14 为井、层控制变速成图流程；图 9-15 为连片区馆 陶组地层深度；图 9-16 是浅层火山岩特征剖面与 724ms 时间切片，在图片中，火山岩比 较容易识别（低频、强振幅、连续反射）。歧口三维连片显示：油气主要通过不整合面和 连通砂体向侧向移动，通过断层垂向移动，最后聚集在歧口凹陷中。油气圈闭主要为构造 圈闭、地层圈闭以及复式圈闭，根据新生代油气成藏条件综合评价，确定了两个具有良好 的油气勘探靶区——中北部大港潜山构造带和南侧滩海区张东——岐东断裂[143, 144]。

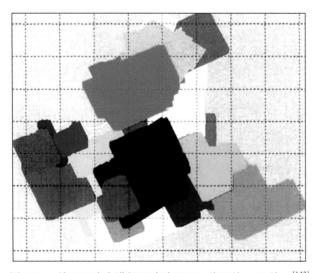

图 9-13　歧口凹陷大港探区连片处理三维区块（26 块）[143]

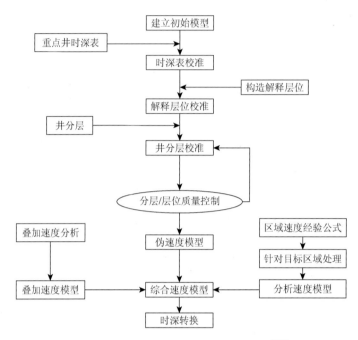

图 9-14　井、层控制变速成图处理流程[143]

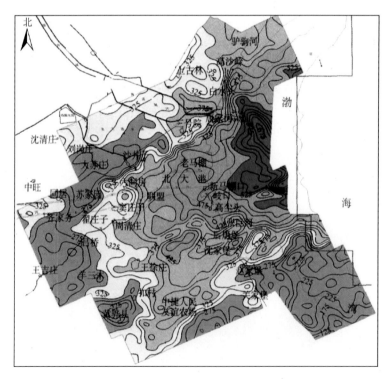

图 9-15　歧口凹陷连片三维区馆陶组地层深度[143]

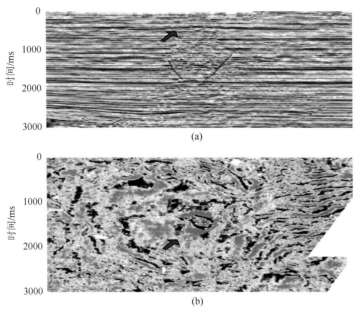

(a)

(b)

图 9-16　港东浅层火山岩特征剖面（a）与 724ms 时间切片（b）[143]

9.3.5　地震资料处理各步质量监控

地震资料处理涉及的环节较多，要实行全程质量监督，就必须有具体的、易操作的、高效的质量监控体系和一套质量监控方法，从而有利于提高资料处理质量。

图 9-17 为地表一致性振幅补偿前后的均方根振幅分布，可看到补偿效果明显；图 9-18

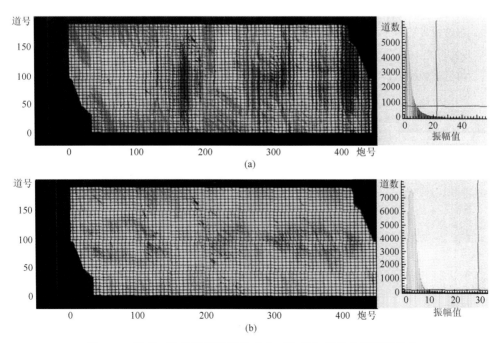

(a)

(b)

图 9-17　地表一致性振幅补偿前（a）、后（b）的均方根振幅分布

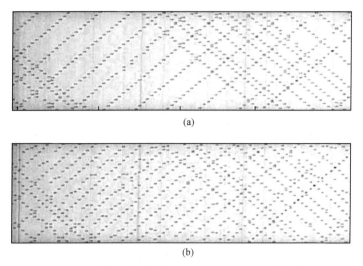

(a)

(b)

图 9-18　叠前数据规则化前（a）、后（b）的覆盖次数分布

为规则化前后覆盖次数分布，说明规则化效果明显，从前后的道集上也能看出。前面不少实例中也都有相应的监控手段，这里不再一一列出。

9.4　高精度三维地震成功实例

9.4.1　吉林扶余油田

吉林扶余油田发现于 1959 年，1970～1990 年年产 100×10^4t 以上，2000 年后产量下降到 50×10^4t，且含水率高，油田发展面临严峻挑战。2003 年部署 200 多平方公里的三维地震勘探工作量，采用有针对性的高精度三维地震采集技术，使地震资料品质得到显著提高（图 9-19）。通过扶余油田新、老资料对比，对构造及油藏的评价获得了全新的认识，取得了重要的地质成果：落实探明储量 2000×10^4t，新增含油面积 14.9km^2；为外围勘探指明了方向，新增含油面积 28km^2，预计可探明储量 3000×10^4t；为深层天然气勘探明确了目标[145]。

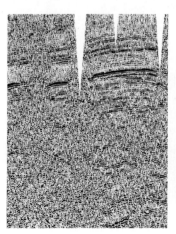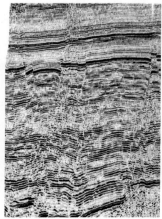

图 9-19　扶余油田新（右，2003 年高精度三维）、老（左）资料对比[145]

9.4.2 大庆油田

开发进入高含水后期，为满足砂泥岩薄互层地质条件下油田开发需求，2001 年以来，部署了 6 个高精度三维区块，共计 200 多平方公里，设计开发井 1000 多口，钻井成功率达 95%以上，动用储量 3000×10^4t 以上。

9.4.3 塔中地区

通过对塔南正负相间异常带分析认为，除了走向为 NW 向的主体构造外，塔中可能存在由主体构造引发的 NE 向的走滑断层，2003 年获得的 $1620km^2$ 的高品质三维地震资料（塔中北坡东起 TZ16 井～TZ31 井区）表明：塔中地区确实存在一系列的典型走滑断层体系。图 9-20 为塔中地区的走滑断裂体系，图 9-21 为 2003 年与 1992 年的三维地震剖面对比，图 9-22 为 TZ50 井东走滑断裂从南到北的特征剖面，显示出一系列从南到北的走滑断裂[146, 147]。

基于走滑体系的发现，人们意识到这种断层体系对塔里木盆地中上奥陶统沉积背景的重新认识发挥着重要作用，且地下构造与地表露头研究能够很好的吻合。同时，走滑断裂在后期的火山活动起到了通道作用，从而改善了碳酸盐岩的储层物性，该体系不仅可以为火山活动提供通道，而且由其所形成的构造圈闭（达 $74km^2$）也为油气提供了运移通道，进而拓宽了塔里木盆地油气勘探范围。

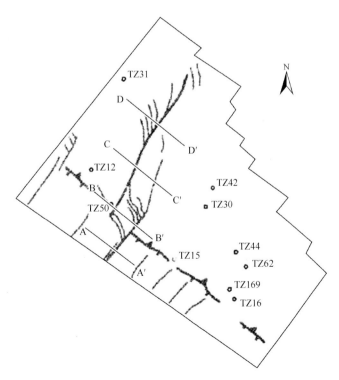

图 9-20 塔中地区 TZ50 走滑断裂体系（图中 AA、BB、CC、DD 为图 9-22 剖面位置）[146]

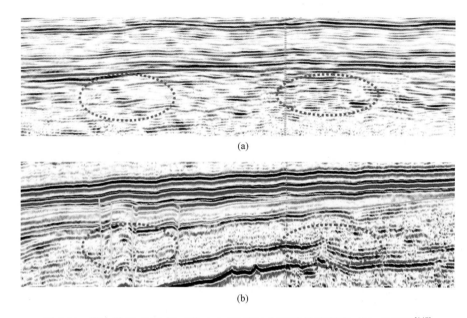

图 9-21 塔中地区 1992 年二维（a）和 2003 年三维地震剖面（b）的对比[147]

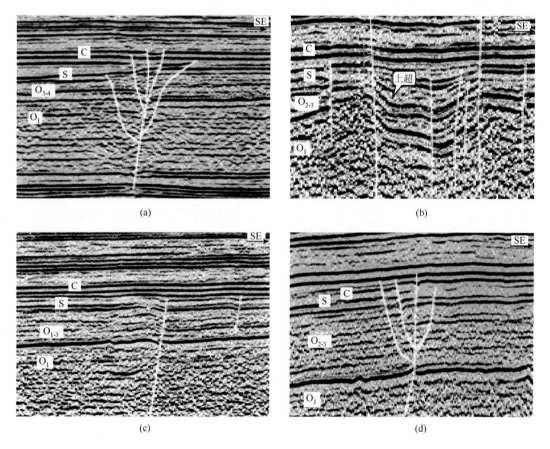

图 9-22 TZ50 井东走滑断裂从南到北的特征剖面[146]

9.4.4　中原油田东濮凹陷马厂实例

2005 年，在马厂地区试验采集了满覆盖的 132km² 的高密度三维地震资料。采集特点是：①采样密度高，道距 50m×50m，炮距 80m×80m，同相轴连续性好，提高了成像精度；②可变面元观测系统，最小面元 5m×5m，提高了资料的横向分辨率，解决了小断块的成像问题；③高能炸药，拓宽了频带，提高了薄砂层的解释精度。图 9-23 是面元为 10m×10m 的高密度三维地震剖面，图 9-24 是 25m×25m 的老剖面。可见，高密度三维剖面的分辨率和信噪比较之老剖面明显提高，成像效果更好。图 9-25 为新、老构造图的对比，

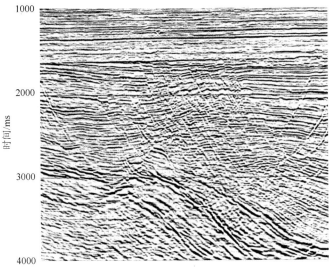

图 9-23　2005 中原油田马厂高密度三维地震剖面[148]

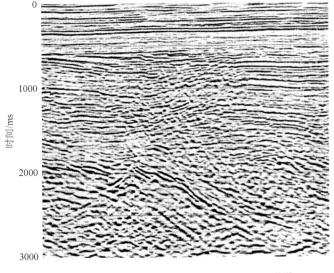

图 9-24　马厂老地震剖面（面元 25m×25m）[148]

与以往常规资料相比，新构造能够精细刻画，以往非确定性的小断块为东濮凹陷复杂断块群油气藏勘探提供了新的方向。在实施的 10 口探井中（2006～2008 年），成功率达到了 100%，探明石油地质储量为 $240×10^4$t。同时，在开发方面，该构造提供了更为精细的构造以及准确的油水关系，从而指导了开发井的调整，加快了储量的动用[148, 149]。

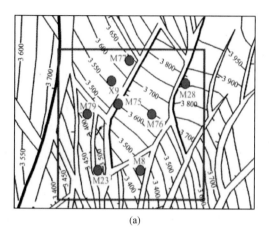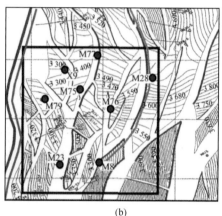

(a)　　　　　　　　　　　　　　(b)

图 9-25　马厂地区构造解释结果[148]

（a）老地震资料；（b）高密度三维

9.4.5　泌阳凹陷陡坡带实例

20 世纪 90 年代初期，由于当时条件有限，技术和设备还达不到三维地震的要求，导致三维地震勘探资料质量较差，特别在山前地段。只有二维地震资料。通过当时的资料，很难准确定位油气圈闭的位置，致使当时布置的井钻探成功率不高。而当前在某陡坡处部署的 $280km^2$ 三维地震勘探弥补了边界断裂带构造与储层特征的空白。

高精度三维地震技术攻关措施：

（1）设计三维观测系统的模型，确定施工方案；

（2）优化观测系统（按反射点方位角，大、小炮间距，覆盖次数分布均匀原则）；

（3）为了保证反射充分接收，采用大排列的方式，特别是边界断裂与下盘深层的反射；

（4）对每一个点进行布设，保证高陡带山前取得激发的能量尽量大——"避高就低、避陡就缓、避虚就实"；

（5）针对山地基岩处理的区域，采取增加井深、组合激发等措施；

（6）针对河滩和砾石区，可采用大吨位可控震源激发，提高资料的品质；

图 9-26 是南部陡坡带常规处理新、老偏移剖面对比。可以看到新采集处理的剖面，信息齐全、特征清楚，取得了良好的效果。

叠前深度偏移处理中，重点做好深度域层速度建模工作。

（1）求取背景速度。通过叠前时间求取均方根速度，同时消除倾角以及其他横向速度变化影响。

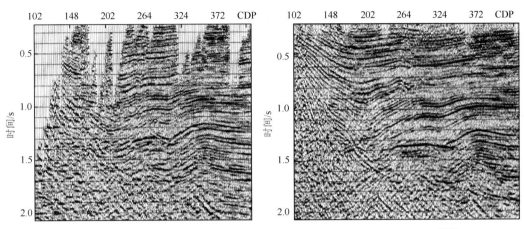

图 9-26　泌阳凹陷南部陡坡带常规处理新（右）、老（左）偏移剖面对比[150]

（2）建立速度模型。在深度偏移的层速度的基础上，作垂向速度分析，作沿层速度的提取。

（3）以 CRP 道集拉平为准，多次调整后可能还有误差，用网格层析成像技术修正速度。

（4）最终速度模型用于炮域波动方程叠前深度偏移。图 9-27 为南部陡坡带不同处理方法三维叠前深度偏移处理与常规叠后偏移效果对比。

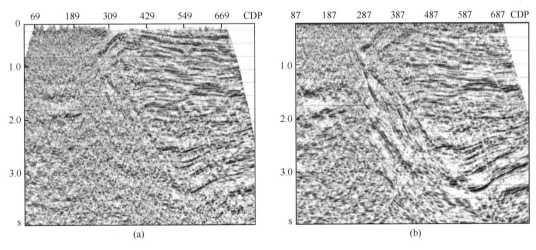

图 9-27　南部陡坡带资料不同方法处理效果对比[150]

（a）叠后偏移；（b）叠前深度偏移

可看到叠前深度偏移的剖面中断裂清楚，断点干脆，成像精度与信噪比均有明显提高，有利于精细解释。

10 四维时移地震研究

20世纪90年代初，新疆油田分公司采用连续的时移地震对某重油热采油田进行了观测（埋深310m）；90年代中期，辽河油田分公司采用埋置接收方式，对某重油热采油田埋深710m处开展了四维地震前导性的实验研究（注气前后），此外，胜利油田也开展了四维地震方面的工作（埋深大于2000m的注水开采储层）；21世纪初期，中国石油天然气股份有限公司依据冀东油区前后两次开展的三维地震采集资料，开展了相应的四维研究，工区主要集中在高29断块、高104-5及柳102油藏。在应用研究的过程中，中国石油天然气股份有限公司主要采取叠前、叠后互均化处理，并建立了相应的处理流程，从而形成具有工业化处理的能力。实际资料处理结果（图10-1为高29断块目的层段附近差异数据体均方根振幅平面分布）表明，可以直接利用互均化后的叠后振幅差异监测水驱前沿。通过四维地震技术的应用，可圈定油水边界、预测剩余油分布。

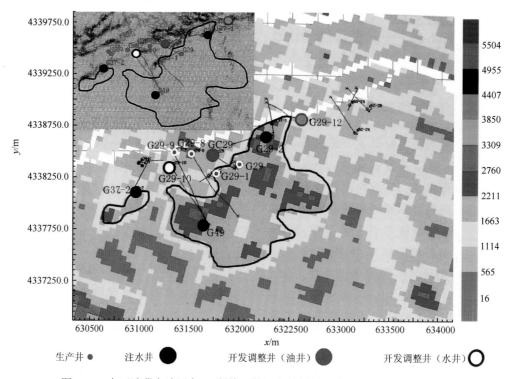

图10-1 中石油冀东油区高29断块目的层段差异数据体均方根振幅平面分布

10.1 非重复性采集时移地震勘探实例

本节分析的实例是1991～2001年中国西部某油田二次采集的地震数据。随着地震技术的发展,地震数据采集中的非重复性因素在所难免,需要发展相应的时移地震处理技术。图 10-2 为针对非重复性采集因素处理（左）和常规处理（右）的叠加剖面对比,可以看出,两剖面匹配很好。经非重复性采集因素处理的差异剖面,明显看出,其含有非储层等因素引起的反射信息, 见图 10-3。而经过叠后互均衡处理后的剖面,剩余的非重复性采集的因素基本被消除。

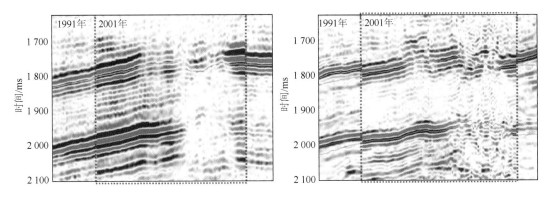

图 10-2　准噶尔盆地某注水开采油田针对非重复性采集因素处理（左）和常规处理（右）的叠加剖面[153]

事实证明, 对地震资料采用非重复性采集因素的高分辨率处理（主要措施为相对保持振幅、频率等）,可以有效地消除观测系统差异、观测方向差异等造成的影响,从而获得储层变化信息。图 10-4 为处理后的储层振幅差异平面分布,图中黄色表示振幅差异较大, 对应油水置换率较高部位;深色表示差异较小,对应剩余油相对丰富的部位;圆圈表示注水量。图 10-5 为储层含水饱和度分布（依据油藏正演模型获得的 2004 年储层含水饱和度）,与图 10-4 相比可以看出, 含水较高的部位对应振幅差异较大部位, 含水较少部位对应振幅差异较小部位。通过对振幅差异较小的储层部位进行注水试验,采收率得到了明显提高。

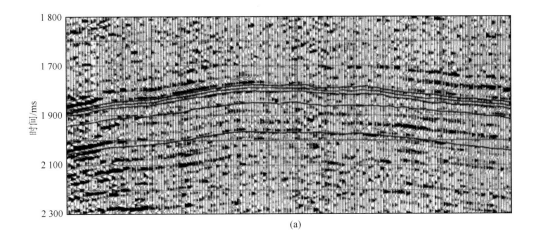

(a)

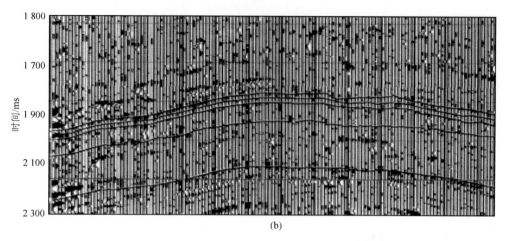

（b）

图 10-3　针对非重复性采集因素处理后的差异剖面（a）及经叠后互均衡处理后的差异剖面（b）[153]

通过试验得出，影响四维地震资料因素有以下几点，按强度由大到小分别是：采集方向、激发方式、采集线距、面元大小、采集季节、统一静校正计算、采集的方位角、炮线距、覆盖次数、震源深度和用药多少。

互均衡校正算法[154]包括：①时延校正；②振幅校正；③相位校正；④匹配滤波。图 10-6（a）为校正前的差异剖面，图 10-6（b）为校正后的差异剖面，可以看到，差异都出现在油区；图 10-7（a）为振幅校正前的能量均方根差异平面分布，（b）给出振幅校正后能量均方根差异平面分布，可以看出，油区的振幅能量有所提高。图 10-8 为经时延、振幅校正前（a）、后（b）能量均方根差平面分布，可以看到非油区的振幅差异明显减少，且时间下移 25ms。图 10-9 为经归一化处理后差异的平面分布，油区的振幅差异和图 10-7（b）相比，油区振幅差异更突出。

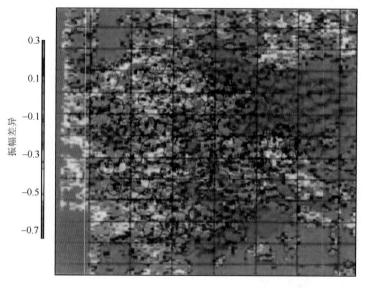

图 10-4　四维地震振幅差异分布[153]

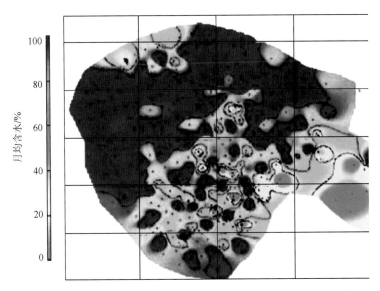

图 10-5　根据正演模拟获得的 2004 年储层含水饱和度分布[153]

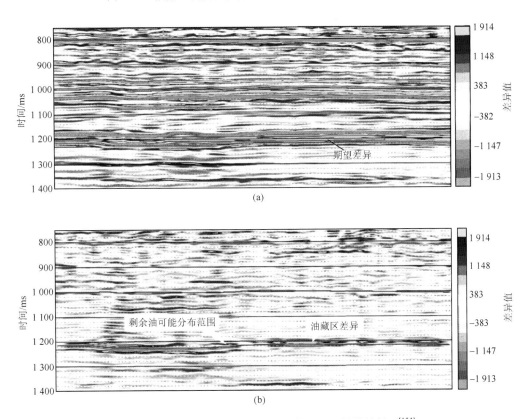

图 10-6　基础数据与监测数据未作校正处理的差异剖面[154]

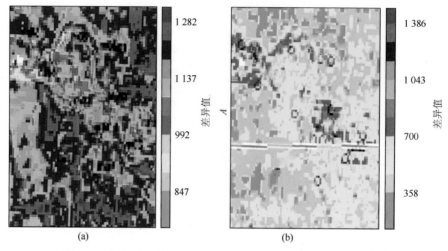

图 10-7　振幅校正前（a）、后（b）能量均方根差异平面分布[154]

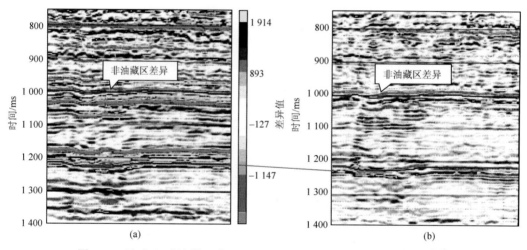

图 10-8　经时延、振幅校正前（a）、后（b）能量均方根差异平面分布[154]

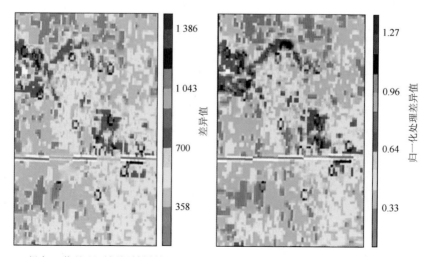

图 10-9　经归一化处理后振幅差异的平面分布（右）油区的振幅差异和处理前（左）相比[154]

10.2 3.5D 地震勘探实例

20 世纪 70 年代中期，在墨西哥湾首先获得了真正意义上的野外 3D 数据。80 年代初，斯坦福大学的科研人员通过对加热前、后的重油岩心的测试发现，岩石速度发生了明显变化。由此，人们开始关注"时移地震"在油藏开发中的应用潜力，于 80 年代末开始进行时移地震用于油田监测的研究。近年来，有百余项 4D（时移）地震在世界范围内各大油田开展。4D（时移）地震采集和处理过程中的非重复性噪声导致该方法有一定的适应性，所以该方法在世界各地应用范围分布并不均匀。该技术主要集中在加拿大和印度尼西亚的重注气热采油田中，埋藏较浅，而且集中在陆地，而海上应用较多的为北海和墨西哥湾油田。此外，无论是 2D、3D 地震，其本身包含诸多非重复性因素，而早期大多数油田并没有开展 3D 地震工作。这些都给今后的 4D（时移）地震工作带来了一定的困难。对于如何解决 4 维（时移）地震中非重复性噪声，将高精度 3D 地震资料应用于油田开发，让油田开发变得更经济是各大油田一直探讨的问题。2006 年准噶尔盆地某油田和利用高精度 3D 地震资料开展了 3.5D 地震勘探前沿性工作。

3.5D 地震资料的处理与常规地震资料的处理相比，并没有特别之处。为了获得直接反映储层特征的空间地震属性信息，3.5D 地震资料的处理更为强调消除非储层因素引起的地震属性的变化，如振幅、频率、相位和波形的变化。之后，进一步开展综合解释工作，将地震、地质、开发等信息结合，弄清剩余油气的分布情况。3.5D 地震资料的综合解释流程图见图 10-10。

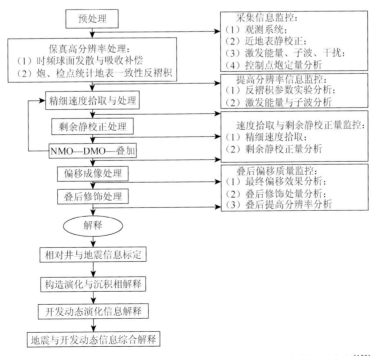

图 10-10　3.5D 地震资料处理解释信息结合开发信息的综合解释流程[153]

　　其流程的主要特点表现在三个方面：①避免近地表吸收衰减造成的影响，主要是地震属性空间上的变化；②尽可能保持地震资料属性的完整，如振幅、频率、相位和波形；③对流程中的每一步进行严格的质量监控，从而提高成像分辨率的精度。

　　图 10-11 为提高分辨率处理的效果，可以看到剖面分辨率和成像效果比常规处理明显提高。图 10-12 为其统计频谱分析，频谱宽度大幅度提高。

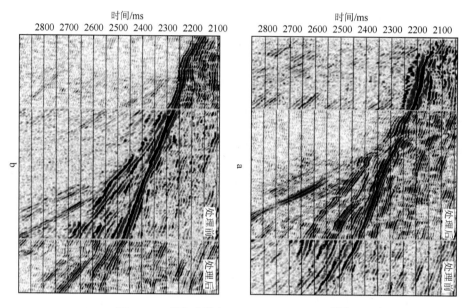

图 10-11　提高分辨率处理前后剖面的对比[154]

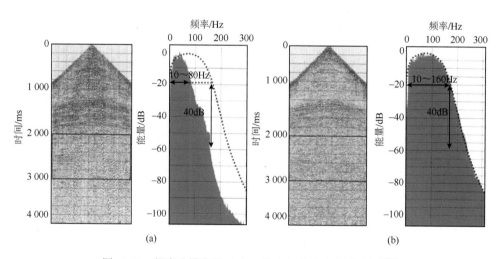

图 10-12　提高分辨率前（a）、后（b）炮集和频谱分析[155]

11 叠 加

11.1 真地表动校叠加技术

由图 11-1 可知，当地形起伏增大、排列长度增加，则浮动面下的相对静值迅速增加，动校正的参考点（速度的零点）将更加远离地面。每一道记录的动校正规律，都是在地面激发、接收情况下产生的。也就是说，动校正量客观地存在于野外所采集的地震记录中。它与近地表、地下速度结构相关，或者说是与近地表及地下的非均质性相关（当然与炮检距相关联），而与地表一致性的静校正结果无关[156]。

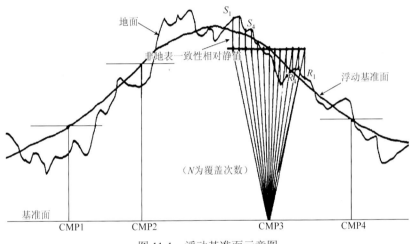

图 11-1 浮动基准面示意图

因此，如果把每道记录的零点放在浮动面上，等于动校正之前先作相对静校正（平时都是这么做的），会破坏记录中的动校正规律。图 11-2 为动校误差分析，表明剩余动校正

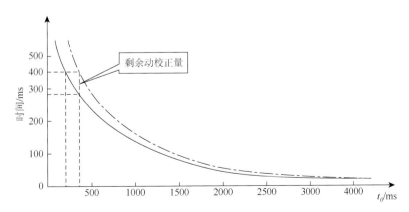

图 11-2 动校正参考点移动（相对静校）所造成的剩余动校正量示意图

量的产生机制。表 11-1 列出了 5000m/s 速度下，不同炮检距、不同深度所产生的剩余动校正量（动校误差），显然，大于 2000m 炮检距、2000ms 内的误差都是不可接受的。因为在大山区相对静值的离散度很容易达到 130ms。

表 11-1　不同炮检距、不同深度及不同炮、检中点离散度下的剩余动校正量（单位：ms）

深度/m ＼ 时间/ms ＼ 炮检距/m	40			130		
	500	1000	2000	500	1000	2000
2000	18	6	2	59	19	5
3000	29	12	4	95	38	11
5000	44	24	9	145	77	28
7200	54	35	15	175	112	49

11.1.1　真地表下的动校正公式

$$\Delta T_{0,\,\text{NMO}} = \Delta T_{0S} + \Delta T_{0R} \qquad (11\text{-}1)$$

$$\Delta T_{0S} = \sqrt{T_{0S}^2 + \frac{S^2}{V^2}} - T_{0S} \qquad (11\text{-}2)$$

$$\Delta T_{0R} = \sqrt{T_{0R}^2 + \frac{R^2}{V^2}} - T_{0R} \qquad (11\text{-}3)$$

其中：

$T_{0S} = T_0/2 - (D - Z_i)/V_s = Z_i/V_s$

$T_{0R} = T_0/2 - (D - Z_j)/V_R = Z_j/V_R$（$V_S$ 和 V_R 为炮、检点的速度函数）

11.1.2　建立浮动基准面（与常规相同）

令 $T_{ij} = S_i + R_j - C_K = S_i - C_K/2 + R_j - C_K/2$

$$C_K = \frac{1}{N}\left[\sum_{i=1}^{N} S_i + \sum_{j=1}^{N} R_j\right] \qquad (11\text{-}4)$$

其中，N 为覆盖次数，见图 11-1。

11.1.3　真地表方案特点

（1）为了更加符合地震波射线在地层中传播的规律，动校正将参考点放在了"真正"

的地面；

（2）按先动校正后静校正的原则，将动校正和静校正分开，进行地震波速度分析、动校正和偏移叠加；

（3）区别于静校正中浮动基准面，真地表是以每道炮、检中心点为参考的一个人为假设的面；

（4）没有最小静值准则；

（5）由于不受最大炮检距的制约，因而没有大炮检距处理带来的麻烦；

真地表动校正就是要把这几十年来的"动"、"静"校正秩序颠倒过来，从原来的"先静校正、后动校正"改为"先动校正、后静校正"。图 11-3 是真地表动校前的叠加剖面；图 11-4 是真地表动校后的叠加剖面，可以看到，剖面浅、中层成像普遍好转；图 11-5 是真地表下的速度分析结果，浅层速度普遍有所降低，和近地表结构中的速度很接近。

严格地讲，只要有地形起伏，有低降速带存在（恰好这些情况是普遍现象），用排列长度（最大炮检距）平滑生成浮动基准面就会有相对静值存在。把动校正零点放在浮动基准面上，就一定有剩余动校正量存在。因此，真地表动校叠加具有普遍意义。

11.1.4　无拉伸动校正处理技术的最新进展

不论是二维或是三维地震勘探观测系统设计，最大炮间距的选择一直是人们关注的焦点。1996 年，Andreas 等著、俞寿朋译的《陆上三维地震勘探的设计与施工》中详尽地总结了最大炮检距的选择原则[156~159]：大约为目的层的最大深度，同时要避开直达波、初至折射波的干扰，而且小于目的层最深的临界折射炮检距，还要满足最深低速层、速度鉴别，消除多次波等要求。除此之外，应该考虑所用设备的采集能力。该原则或多或少提到地震分辨率的概念，但没有从定量的角度去考虑最大炮检距的选择。在进行地震资料处理时，不管是采用大范围切除克服动校正的过渡拉伸，还是采用反褶积去提高分辨率，叠加分辨率降低（这里主要指动校正拉伸因素）是客观存在的。不同的处理方案都有自身的弱点和相应的局限性。

1. 最大炮检距与目的层深度及分辨率降低率的关系

图 11-6 为最大炮检距与目的层深度及分辨率降低率的关系曲线；图 11-7 为最大炮检距与分辨率降低率之间的关系。其实，早在 1993 年俞先生的《高分辨率地震勘探》中就有这种关系的图示（图 11-8）和说明，分辨率随炮检距的增大而变小，其关系并不是线性的；严格地讲，也不是双曲线的。图 11-8 为动校正拉伸示意图，其中左图为零炮检距和非零炮检距射线；中图是动校前时距曲线，D 表示二者之差；右图为动校后的时距曲线。将图 11-8 三图之间相比较可看出，实际上图 11-7 与图 11-8 所反映的关系是一样的。当然，图 11-8 也为地震勘探采集设计的参数论证提供了有益的补充。

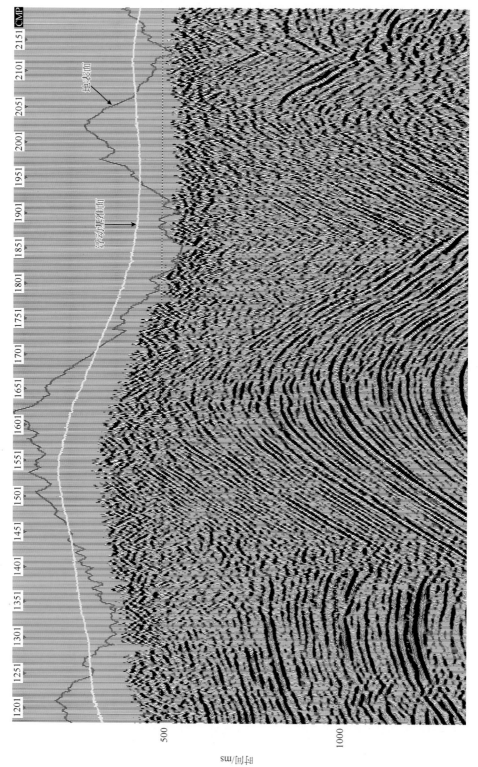

图 11-3　大巴山 09 线原叠加剖面段

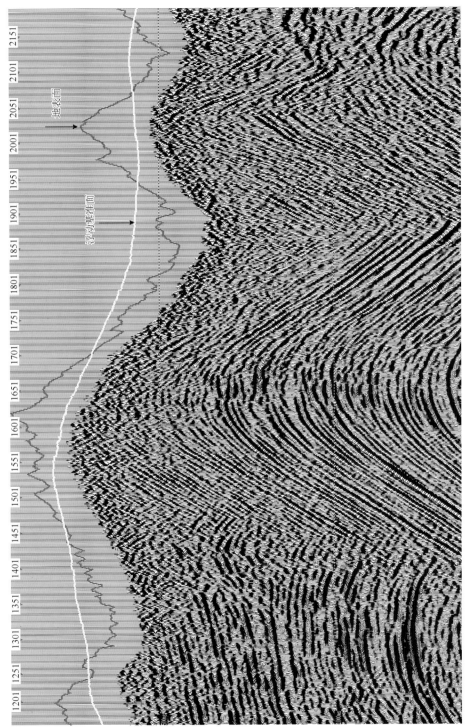

图 11-4 大巴山 09 线其地表叠加剖面段浅、中层显示和原剖面相比示意图

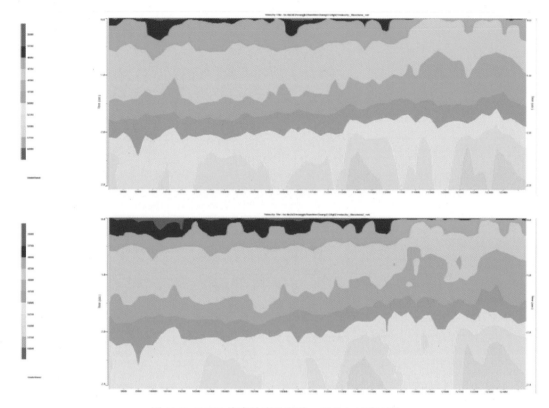

图 11-5　LG02 线真地表处理前、后叠加速度对比

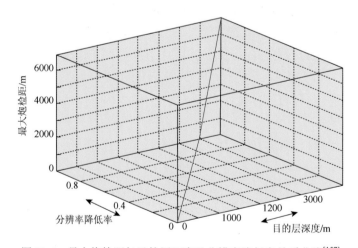

图 11-6　最大炮检距与目的层深度及分辨率降低率关系曲线[157]

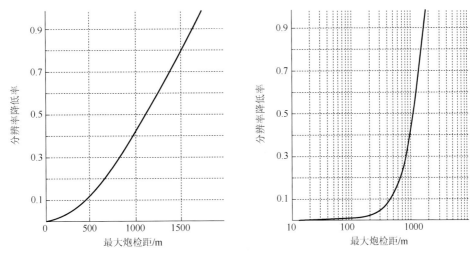

图 11-7 分辨率降低率与最大炮检距的关系曲线[157]

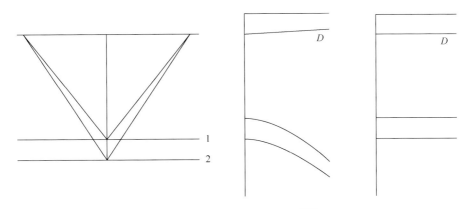

图 11-8 动校正拉伸示意图[158]

2. 动校正波形拉伸校正法

如果用反射时间表示可分辨尺寸，那么零炮检距地震道动校正波形拉伸公式为

$$\delta t = \sqrt{\frac{\lambda t}{v} + t_0^2} - \sqrt{\frac{\lambda t_0}{v} + t_0^2} \approx \Delta T\left(\frac{t}{t_0} - 1\right) \tag{11-5}$$

式中，$\Delta T = \dfrac{\lambda}{2V}$。 $\tag{11-6}$

由式（11-5）可见，动校正波形拉伸因子为

$$\eta = \frac{t}{t_0} - 1 \tag{11-7}$$

如果将动校正时采用的拉伸因子反作用到 CMP 道集中，则可以有效缓解动校正中波

形拉伸现象。图 11-9 为该方案处理后的实际效果图[157]。

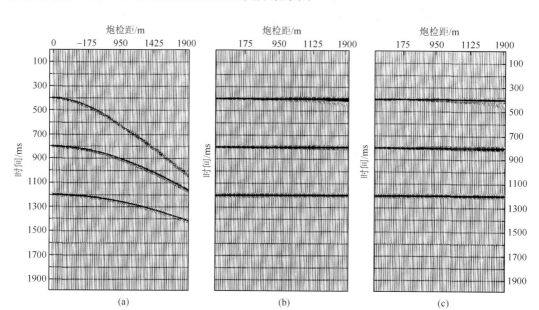

图 11-9　合成 CMP 道集动校正拉伸校正效果[157]

（a）合成 CMP 道集；（b）动校正道集；（c）动校正波形拉伸校正后道集

俞先生在他的书[158]中特别指明："非零炮检距道分辨率比零炮检距道低是先天的，不能归咎于动校正"，他特别形象地指出，若拉伸因子为 1.5，60Hz 信号拉伸后变为 40Hz，无论你如何滤波或反褶积，也不能把 40Hz 变为 60Hz。当然，尽管对拉伸本质说得很清楚，但他没有说如何消除拉伸问题。

美国的西方公司在 Omega 系统中（2003 年）提供了一个去除拉伸的办法，认为拉伸是个采样精度的问题（实质上就是分辨率问题）。因此，在动校前将采样率提高，动校叠加后重回到原采样率就可避免拉伸现象，只是其做法有点麻烦。

现在，通过用拉伸因子反作用于道集的办法就可以实现将 40Hz 变成 60Hz。因此，该方法对动校正后的波形拉伸提供了一个很方便、快捷而又简单、实用的办法。

11.2　DMO 叠加技术

11.2.1　DMO 的定义

通常假定共中心点道集数据经常规时差校正（NMO）并叠加后等效于在相应共中心点位置自激自收所得到的信号。但当反射界面倾斜时，共中心点道集中包含的并不是同一反射点的反射，如图 11-10 所示，动校正叠加后会出现反射点的模糊现象，得到的结果也不是真正零炮检距数据。倾角时差校正（DMO）可校正这种反射点的位移，解决由于反射倾角的存在使其中心点道集的各地震道不对应同一反射点的问题，DMO 与 NMO 结合可把非零炮检距的数据映射成零炮检距的数据。

DMO 的作用并不只是校正倾斜界面引起的动校正时差，事实上对于单倾角反射采用速度 $v/\cos\theta$ 进行动校正能够使倾斜界面反射的 CMP 道集内各道同相叠加。DMO 更重要的是解决当同时有两个或多个不同倾角反射时，由于动校正只能使用一个速度，而不能使两个或多个反射都得到正确的校正问题。

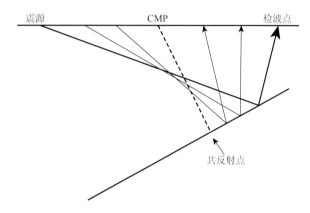

图 11-10 反射界面倾斜时共中心点不在反射点的正上方

11.2.2 DMO 的发展回顾

DMO 的出现可追溯到 1978 年（Judson 等），当时，该处理过程被称为 DEVILISH（dipping event velocity inequality licked）。DEVILISH 是通过在共炮检距数据中使用有限差分偏移算子实现倾角校正的。

1980 年 Yilmaz 等提出 PSPM（叠前部分偏移）算法，当其与常规处理流程结合时可近似得到叠前偏移结果，而 PSPM 是利用有限差分偏移算子实现的。1981 年，Deregowski 等提出 DMO（倾角校正），其算法基于炮检距延拓的概念，在实现过程中模拟常规叠后偏移算法。1983 年 Hale 在其博士论文中提出在 *f-k* 域实现 DMO 算法，傅里叶变换 DMO 是从常速介质的旅行时方程推导出来的，其与 DEVILISH 及 PSPM 相比最明显的优点是对所有的炮检距和倾角计算结果都是精确的。

随后，DMO 算法得到迅速发展，许多人员从假设条件到算法实现对 DMO 进行了多方面的工作，逐渐使其成为地震数据处理中的常规模块。Christopher L.Liner[161]在其文章中对 DMO 的发展演化历史按时间顺序用表格形式进行了阐述，使人们对 DMO 的发展有了清楚的了解。

11.2.3 DMO 原理

在单斜界面、常速地下介质模型条件下旅行时方程为

$$t = \left[t_0^2 + \frac{4h^2 \cos^2 \theta}{v^2} \right]^{\frac{1}{2}} \tag{11-8}$$

式中，h 为半炮检距；t_0 为零炮检距时间；θ 为地层倾角；v 为地下介质的速度。上式可分解为

$$t = \left(t_0^2 + \frac{4h^2}{v^2} - \frac{4h^2 \sin^2 \theta}{v^2} \right)^{\frac{1}{2}} \tag{11-9}$$

式中，第一部分代表正常时差，第二部分为倾角时差，即对共炮检距数据同时采用 NMO、DMO 运算可将其转换成零炮检距数据。

$$t_n = \left[t_0^2 - \frac{4h^2 \sin^2 \theta}{v^2} \right]^{\frac{1}{2}} \tag{11-10}$$

即 DMO 可表示为

$$p_0(t_0, x, h) = p_n \left(\sqrt{t_0^2 - 4h^2 \sin^2 \theta / v^2}, x, h \right) \tag{11-11}$$

式中，x 为炮检中点；t_n 为 NMO 校正时间。

傅里叶变换 DMO 可在此基础上推导出来。利用二维傅里叶变换及变量代换，最终可推导出傅里叶变换 DMO 的实现公式

$$p_0(w_0, k, h) = \int dt_n \int dx \, e^{-ik_x x} t_n \Big/ \sqrt{t_n^2 + h^2 k^2 / w_0^2} \, p_n(t_n, x, h) e^{iw_0 \sqrt{t_n^2 + h^2 k^2 / w_0^2}} \tag{11-12}$$

显然，对 x 的变换可通过傅里叶变换实现，对 t 的变换则需通过积分求得。实际上这也是 Hale 的 DMO 算法需要较多机时的原因。

11.2.4　DMO 应用

由于 DMO 运算量较大，所以希望有一个定量的判别准则确定何时需要进行 DMO 处理。Hale 给出一个经验公式，当式（11-13）成立时，需要进行 DMO

$$\left| \frac{dt_0}{dx} \right|^2 \frac{h^2 f}{t_n} > 1 \tag{11-13}$$

式中，f 为地震记录的主频。

这表明 DMO 的精度与炮检距及反射面斜率的平方成正比，所以零炮检距或水平反射不需要做 DMO；DMO 的精度与频率成正比，与 NMO 时间成反比，所以反射时间较大时，DMO 可能没有意义。

频率-波数域的 DMO 可采用扫描法近似实现的算法，减少计算量。根据剖面中的最大倾角 θ_{max} 及最小均方根速度 v_{min} 确定 $\sin \theta / v$ 的扫描取值范围，采用式（11-14）作倾角动校正：

$$t_n(i, j) = \left(t_0^2 - \frac{4h^2 i^2 \sin^2 \theta_{max}}{N^2 v_{min}} \right)^{\frac{1}{2}} \tag{11-14}$$

式中，i 为由 1 变化到 N；θ_{max} 为剖面中最大倾角；v_{min} 为最小的均方根速度；j 为控制时间分段计算的变量，一般每隔 50ms 计算一个校正量，其他采样点校正量用内插方法求取。

DMO 算法除上面讨论的频率波数域方法外，还有时间-空间域与时间慢度域的方法，有对数变换炮集 DMO、Jakubowic 的倾角分解法、Fowler 的常速叠加方法以及 Gardner 的 $k-t$ 域方法，所有这些方法都建立在常速介质模型的基础之上。

在常速介质条件下，NMO+DMO+叠加+叠后时间偏移等效于叠前时间偏移，Hale 从波动理论出发证明了这一点。

DMO 的脉冲响应在二维情况下为一椭圆，椭圆方程为

$$\frac{t_0^2}{t_n^2} + \frac{x^2}{h^2} = 1 \tag{11-15}$$

图 11-11 为输入脉冲在不同时间上、速度 $v=1600$m/s、炮检距为 2000m 时的脉冲响应。把二维的基本概念推广到三维处理，三维 DMO 只需沿二维的 DMO 椭圆映射每个地震数据样点，然后在对应纵测线方向对椭圆作旋转。

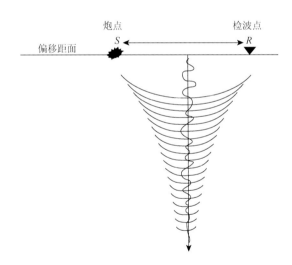

图 11-11　DMO 脉冲响应

11.2.5　DMO 的复杂性

DMO 中的横向偏移量由下式给出

$$\Delta y_{DMO} = \frac{h^2}{t_n A} \left(\frac{2\sin\varphi}{v} \right) \tag{11-16}$$

式中，h 为炮检距；t_n 为垂向时间；v 为速度；$A>1$。上式有以下重要推论。

（1）当 $\varphi = 0$，$\Delta y_{DMO}=0$ 时，垂向位移也为 0。可见 DMO 算子对水平层没有影响，并与偏移距无关。倾角越陡，DMO 校正量越大。

（2）水平位移 Δy_{DMO} 和垂直位移 Δt_{DMO} 随时间 t_n 增加而减少。这说明 DMO 算子的偏移孔径是随着同相轴时间增加而减少的，这与偏移算子相反。

（3）当 t_n 取极限值 $t_n=0$ 时，$\Delta y_{DMO}=h$。这说明，DMO 算子最大空间范围等于 NMO 校正道 $t_n=0$ 时的偏移距 $2h$。

（4）对比表中的 Δy_{DMO} 和 Δt_{DMO} 值，可以看到速度越低，DMO 量越大。这说明，越浅的同相轴，DMO 越显得重要，因为低速都出现在资料中较浅的部分。

（5）若反射倾角 φ 为定值，可以注意到偏移距 $2h$ 越大，DMO 量越大。当 $h=0$ 时，无论 φ 为何值，DMO 没有影响（由第（1）条可知：DMO 是倾角和偏移距共同的作用结果，任一个为 0，则都不起作用）。

（6）反射点偏移量（Δy_{DMO}）随时间的增大和偏移距的减小而减小。

当速度随深度变化明显时，DMO 的脉冲响应椭圆开始扭曲成马鞍形的三维算子（图 11-12），此时 DMO 运算就需要更多机时。而如果横向速度变化较大，那么 DMO 的运算量会大到与叠前深度偏移相当，所以一般不考虑这种条件下的 DMO。

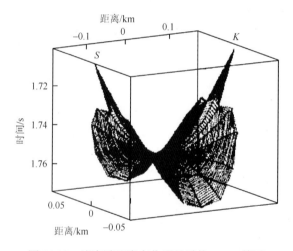

图 11-12　速度随深度变化明显时的 DMO 算子

至于各向异性对 DMO 的影响，则比缓慢的速度变化影响大。各向异性 DMO 由一个新参数 η 控制，η 值的范围在 ± 0.2 之间。

常规 DMO 处理通常假设规则的观测系统，即要求均匀的空间采样。空间采样的不均匀（炮检距、覆盖次数、方位角等）会导致 DMO 处理结果变差。为解决这个问题，EQ-DMO 首先对倾角分量建立每个输出时间的位置、倾角以及与其有关的输入道数的表记录，然后与叠加时用有效样点数归一化类似，对每个倾角分量按各自的输入贡献道数进行加权处理。

对于覆盖次数不均匀的数据，EQ-DMO 在一定程度上避免了空间假频及斜干扰的产生；而对于数据部分丢失的老数据，EQ-DMO 也可在一定程度上弥补数据缺失而造成的不足。

图 11-13 是一实际数据的常规 DMO 叠加结果，图 11-14 是相应的 EQ-DMO 叠加结果，

因覆盖次数不均匀而在剖面上出现的条带状现象在 EQ-DMO 的结果中得到了消除，反射成像明显改善。

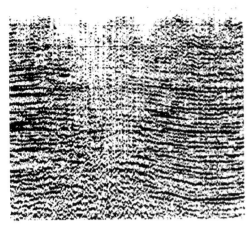

图 11-13　DMO 叠加剖面　　　　　　　图 11-14　EQ-DMO 叠加剖面

11.2.6　结论

通过对 DMO 进行分析可以得到以下结论。

（1）DMO 和叠前时间偏移有共性，同属叠前时间偏移范畴（叠前部分偏移），也受叠前时间偏移限制条件的约束（图 11-15）。

（2）当纵向速度梯度较小，随深度变化也不大时，常速 DMO 都能产生理想的结果（图 11-16）。

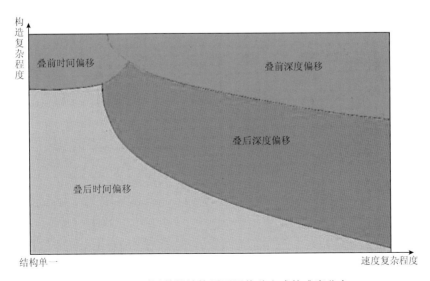

图 11-15　不同数据结构用不同偏移方式的难度分布

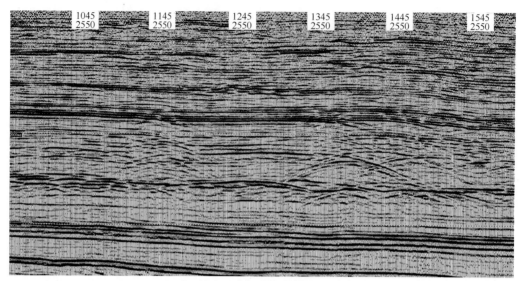

(a) LG-3D水平叠加

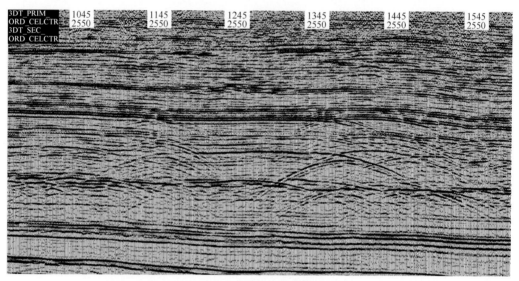

(b) LG-3D DMO叠加

图 11-16　不同方法叠加效果

（3）依据图 11-11，DMO 浅层效应最强，所以近地表速度对其影响最大。因此，不同地区 DMO 偏移速度都有不同。每一地区要用一条二维测线经过实验才能确定该区 DMO 偏移速度的大小。

（4）DMO 与 NMO 结合能把非零偏移距数据映射为零偏移距数据。这样，再经速度分析得到的速度就是对叠加速度经倾角校正后的层速度下的均方根速度。这是为后续偏移处理提供偏移速度的重要方法。

11.3 二维共反射面叠加技术

11.3.1 概述

时间域成像与叠后偏移在地质构造复杂的工区一直不能取得理想的效果，因此，共反射面（CRS）叠加作为一种新的技术手段应运而生。与常规的叠加方法不同，该方法不依赖波速信息，而是由多次覆盖的反射数据得到零炮检距（ZO）剖面。CRS 叠加涉及到 ZO 射线的出射角以及与 ZO 射线有关的两个曲率半径，对涉及到的三个参数进行优化，可以将 CRS 走时面与反射同相轴最佳拟合。共反射面叠加技术与以往常规技术相比不仅能提高深度目的层信噪比，从而改进模拟的 2D 剖面，而且为后期反演提供了速度场三参数剖面。

1983 年，德国 Hubral 教授首先给出了曲率半径 R_{NIP} 的概念，于 20 世纪 90 年代提出了共反射面元叠加技术（CRS）。近年来，国外许多学者对 CRS 叠加技术进行了相关研究和改进。Cruz 等于 2001 年提出了优化的共反射元（CRE）叠加技术。Muller 等在不同时间提出三参数优化的 CRS 叠加技术。CRS 叠加作为一种地震成像技术，与以往的成像技术相比，有其自身的特点：①它与宏观速度模型无关，仅依赖近地表速度；②基于几何地震学，只用考虑局部以及第一菲涅尔带的全部反射特征；③该方法无论从理论还是实际的应用效果上都要优于先前的叠加剖面，特别是在提高信噪比和成像精度方面尤为显著，从而使该方法在解决深层复杂构造成像以及提高岩性反射成像能力等方面应用广泛，而其优质的三参数剖面也可以用于深层速度反演。

11.3.2 方法原理

图 11-17 为基于零炮检距等时线叠加的 MZO 原理图，从图中可以看出，MZO 只在反

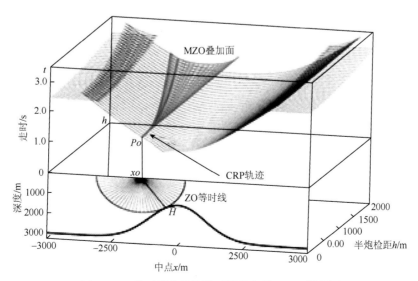

图 11-17 基于零炮检距等时线叠加的 MZO 原理图

射点处准确，而随着偏离反射点的距离增加，误差会明显增加，同时同相轴也会变差。图 11-18 是基于绕射曲线叠加 Kirchhoff PreSDM 原理图，该方法基于绕射原理，在零炮检距处没有误差，而随着炮检距的增加，误差越来越大。而 CRS 叠加技术与前两种技术相比，考虑了局部以及第一菲涅尔带反射特征，反射波同相性好。不仅如此，该方法更加有效利用了多次覆盖数据，使地震资料的信噪比有了很大的提高（Hubral et al., 1999），见图 11-19。

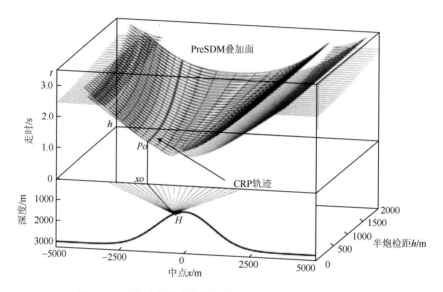

图 11-18　基于绕射曲线叠加的 Kirchhoff PreSDM 原理图

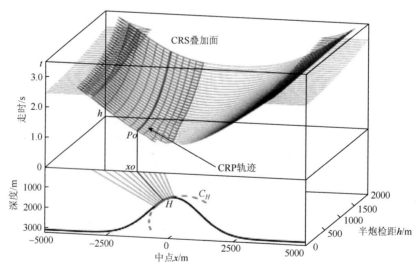

图 11-19　CRS 叠加原理图

几何射线理论。用二阶的泰勒展开可以得到叠加参数（α，R_{NIP} 和 R_N），应用该参数可以近似表示时距方程。以半炮距 h 和中心点 x_m 建立坐标，其中 CRS 面的公式为[162,164,165]：

$$t^2(x_m, h) = \left[t_0 + \frac{2\sin\alpha}{v_0}(x_m - x_0)\right]^2 + \frac{2t_0\cos^2\alpha}{v_0}\left[\frac{(x_m - x_0)^2}{R_N} + \frac{h^2}{R_{NIP}}\right] \qquad （11-17）$$

其中，v_0 是近地表速度；地震三参数 α、R_{NIP} 和 R_N 的含义如图 11-20 所示。α 是 ZO 射线在地表的出射角；R_{NIP} 是法向入射点波波前曲率半径，法向入射点波波前对应于反射界面上点源产生的波前；R_N 是法向波波前曲率半径，法向波波前对应于爆炸反射面产生的波前。由于地震反射的时距关系更符合双曲规律，因此使用了 CRS 面的双曲走时近似公式。

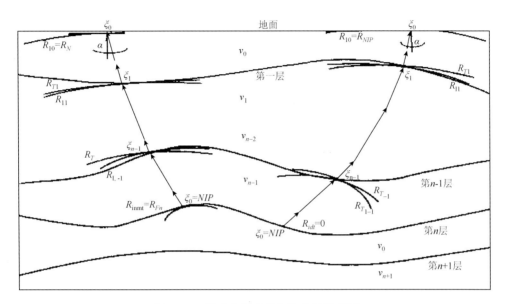

图 11-20　法向入射点波与法向波形成图

对于公式（11-14）中，要使给出的走时面能恰好的拟合反射同相轴，则必须使 2D 剖面上的每一点 $P_0(x_0, t_0)$ 都对三参数进行优化，确定最佳的参数（测试所有的三参数，从而选取最大相干值的一组），然而，盲目地测试显然不符合实际，只能在有限的三维网格中进行。为了缩小计算量，寻找有效的途径获取最佳的参数是关键。该途径必须是计算时间最短，为此，可建立相干值是 3 个独立变量（三参数）的函数。

其中，α 表示 ZO 射线在地面的出射角；R_{NIP}、R_N、R_I、R_T 和 R_F 分别为法向入射点波波前、法向波波前、入射波波前、透射波波前和反射层的曲率半径，v 表示层速度。

当 $x_m = x_0$（CMP 道集中）时，关于 x_0 的 CMP 道集与 ZO 剖面中，方程（11-14）可以简化为[161, 166]

$$t^2(h) = t_0^2 + \frac{2t_0\cos^2\alpha}{v_0}\frac{h^2}{R_{NIP}} \qquad （11-18）$$

在 ZO 剖面中（$h = 0$）可以得到

$$t^2(x_m) = \left[t_0 + \frac{2\sin\alpha}{v_0}(x_m - x_0)\right]^2 + \frac{2t_0\cos^2\alpha}{v_0}\frac{(x_m - x_0)^2}{R_N} \qquad （11-19）$$

在 CRS 叠加流程中，前两步可以分别在 CMP 道集和 ZO 剖面上采用公式（11-15）和公式（11-16），从而得到 ZO 剖面、相干剖面以及 3 个参数剖面。根据前两步的成果可找出一个最优化的三参数剖面，再利用式（11-14）得到最优化的起始剖面[161, 164]。

11.3.3　实际数据处理效果

某探区一条测线满覆盖次数的中心点范围为：$CDP1 \leqslant x_m \leqslant CDP350$，$CDP$ 间隔 $\Delta x_m = 25m$；半炮检距 h 从 $-75m$ 到 $-1550m$，增量 $\Delta h = 50m$。实际的应用效果见图 11-21。通过各种方法对同一剖面的叠加信号进行分析，CRS 叠加的效果在提高深层信噪比方面要明显优于 DMO 叠加剖面，而且深层反射清晰，同相轴连续性也得到了不同程度的增强。

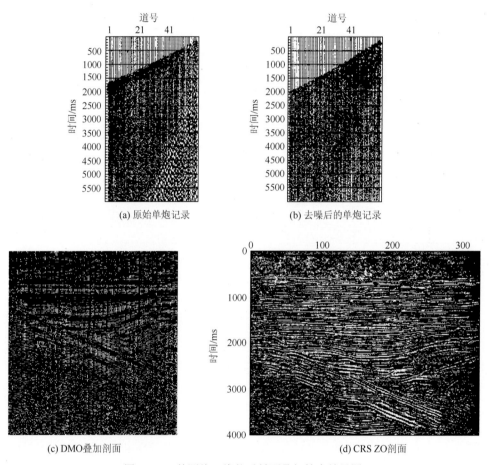

(a) 原始单炮记录　　　　　　　　　　(b) 去噪后的单炮记录

(c) DMO叠加剖面　　　　　　　　　　(d) CRS ZO剖面

图 11-21　某测线二维共反射面叠加技术效果图

11.3.4　通过倾角扫描优化 CRS 叠加

对于 CRS 叠加而言，反射法成像中，地层的倾角不同，反射波的来源也不同，所以各层的反射波都参与了叠加。在 CRS 叠加时，可以分三步进行：①对单个倾角叠加；②做相应的倾角滤波，保留该倾角的反射层；③对①②所得的结果进行累加。该方案不仅能保留绕射信息，同时，叠后偏移成像质量得到了提高。

12 偏 移

国内外各大油田为减少勘探以及开发中的风险，于 20 世纪初期采用了叠前地震资料处理技术。叠前地震资料处理包括叠前时间偏移和叠前深度偏移，该技术取代叠后时间偏移技术，在勘探开发中取得了明显的效果，成为提高地震成像精度和勘探开发效益的必要手段。随后，各大油田公司在计算机 PC 集群技术发展以及该技术存在巨大的市场需求背景下，快速提升计算机性能，从而使该技术常规化[168,173]。

国际上叠前偏移技术已经成为提高复杂构造成像精度、降低勘探开发风险的主导技术，是近 10 年石油地球物理技术进步的显著标志之一。叠前偏移处理技术包括叠前时间偏移与叠前深度偏移。在构造复杂、速度横向变化不大的情况下，利用叠前时间偏移技术可以较好地提高地震成像精度；在构造复杂、速度横向变化剧烈的情况下，利用叠前深度偏移技术可较好地解决成像问题[174,175]。

在 20 世纪，叠后时间偏移处理技术作为常规偏移成像手段，在地震数据处理过程中发挥了重要作用。叠前偏移是在 20 世纪 70 年代提出的，到 80 年代，理论上已渐趋成熟，由于受限于计算机运算能力而没有得到广泛应用。到 90 年代初，出现并行计算机和并行偏移算法，叠前深度偏移处理技术成功地应用于墨西哥湾盐下油气勘探[174,175]。

21 世纪初，随着计算机技术突飞猛进的发展，尤其是高性价比的 PC 集群的出现，叠前偏移处理技术的广泛应用成为现实。随着油田勘探与开发工作的不断深入，国内地质难题对当前石油地球物理勘探技术提出了重大挑战，无论是复杂构造成像问题，还是断裂成像问题，都对地震资料偏移成像处理技术提出了更高的要求。常规叠后时间偏移成像处理技术已不能满足当前复杂构造成像的需要，而叠前偏移处理技术成为改善构造复杂、速度横向变化大的地区资料成像效果的一种有效处理手段[174,175]。

影响叠前时间偏移处理技术应用的因素主要有硬件、软件、速度模型精度、原始数据质量与处理分析人员的经验等，软、硬件是前提，高质量的叠前数据是基础，建立比较准确的均方根速度模型是关键，而处理人员与地质解释人员的紧密结合是保障[174,175]。

12.1 叠前时间偏移成像技术

向下外推波场的目的是使波场在反射界面上成像。对于叠后地震剖面，由于使用的是爆炸反射面的观点，因此，向下外推与成像原则的物理意义及数学表达式之间的关系是明确的。

对于叠前地震记录，如果直接对其偏移成像，用何种数学表达式表达则需要加以研究。在叠后时间偏移中，建立爆炸反射面的概念，即爆炸点就在反射面上。向下外推波场到达该界面上时 ($t = 0$) 的波场值，即为成像所需要的值。在非零炮检距情况下，就无法使用爆炸反射面的观点了。这时，$t = 0$ 时的波场不在反射面上，而是在虚爆炸点或虚接收点（不用 $V/2$ 代替速度 V 时）上。因此，叠前时间偏移的成像概念应当另外定义。假设介质是均匀的，S 为炮点，R 为反射点，G 为接收点。我们要求出的地震成像点是射线 SRG 的 R 点。一般地，按照共炮点道集沿 S^*G 射线向下延拓到深度 z，即可把 G 点上的波场返回到 R 点。但是深度 z 上 R 点的波场是一个时间函数，即组成了一个地震道 $s(t)$。那么，$s(t)$ 的哪个时间上的振幅值是该 R 点的成像振幅，这是无法判定的。

如果将所有共炮点道集向下外推到深度 z 之后，根据互换原则再将它们抽取成共接收点道集，又沿着 G^*S 射线向下外推一个深度 z，取深度 z 上 $t = 0$ 时间的波场值，即是反射波成像的振幅值。因此，可以用以下两个上行波方程交替地向下外推波场。

共炮点道集频率-波数域的向下外推公式为

$$\tilde{u}_s(k_s, k_g, z, w) = \tilde{u}_s(k_s, k_g, 0, w) e^{ik_{z_1} z} \tag{12-1}$$

式中，

$$k_{z_1} = \frac{w}{v} \left[1 - \left(\frac{vk_g}{w} \right)^2 \right]^{\frac{1}{2}}$$

把 $\tilde{u}_s$ 再以共接收点道集向下外推波场则有

$$\tilde{u}_g(k_s, k_s, z, w) = \tilde{u}_s(k_s, k_s, z, w) e^{ik_{z_2} z} \tag{12-2}$$

式中，

$$k_{z_2} = \frac{w}{v} \left[1 - \left(\frac{vk_s}{w} \right)^2 \right]^{\frac{1}{2}}$$

因此，两次外推后的波场为

$$\tilde{u}(k_s, k_g, z, w) = \tilde{u}(k_s, k_g, 0, w) e^{ik_z z} \tag{12-3}$$

式中，垂直波数

$$k_z = k_{z_1} + k_{z_2} = \frac{w}{v} \left\{ \left[1 - \left(\frac{vk_s}{w} \right)^2 \right]^{\frac{1}{2}} + \left[1 - \left(\frac{vk_g}{w} \right)^2 \right]^{\frac{1}{2}} \right\} \tag{12-4}$$

令

$$\begin{bmatrix} G \\ S \end{bmatrix} = \frac{v}{w} \begin{bmatrix} k_g \\ k_s \end{bmatrix} \tag{12-5}$$

则式（12-4）可表示为

$$k_z = \frac{w}{v}\left[(1-G^2)^{\frac{1}{2}} + (1-S^2)^{\frac{1}{2}}\right] = \frac{w}{v}\mathrm{DSR}(G,S) \qquad （12-6）$$

把式（12-6）代入式（12-3），得

$$\tilde{u}(k_g,k_s,z,w) = \tilde{u}(k_g,k_s,0,w)\exp\left[\mathrm{i}\frac{w}{v}\mathrm{DSR}(G,S)z\right] \qquad （12-7）$$

即双平方根方程

$$\frac{\partial}{\partial z}\tilde{u}(k_g,k_s,z,w) = \mathrm{i}\frac{w}{v}\mathrm{DSR}(G,S)\tilde{u}(k_g,k_s,z,w)$$

的解。式中，$\mathrm{DSR}(G,S) = (1-G^2)^{\frac{1}{2}} + (1-S^2)^{\frac{1}{2}}$ 称为双平方根算子。

Kirchhoff 叠前时间偏移采用双平方根算子，用 Kirchhoff 积分公式来求解波动方程。叠前时间偏移处理流程见图 12-1。

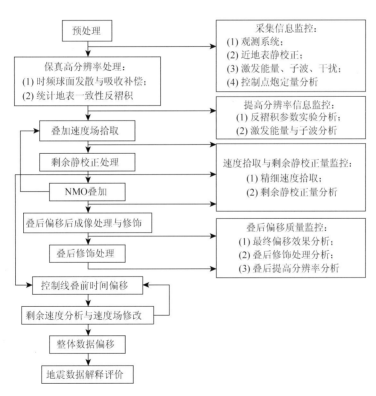

图 12-1 叠前时间偏移处理流程

为了观测叠前时间偏移的应用效果，中国东部某区开展了三维的叠前时间偏移，与叠后时间偏移处理效果的对比如图 12-2。通过对比可以看出，使用叠前时间偏移的剖面信噪比得到了提高，在成像上，主体断层更清晰，位置更加准确。

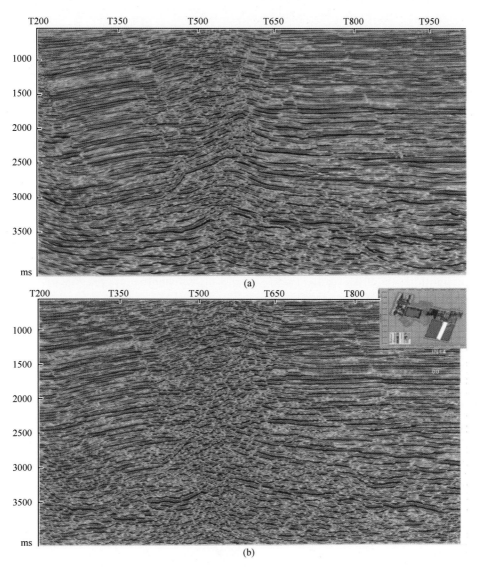

图 12-2　叠前时间偏移（a）与叠后时间偏移（b）的比较[174]

12.2　叠前深度偏移成像技术

随着各大油田对地震勘探的要求越来越高，地震勘探的难度也越来越大，特别是构造复杂地区的成像问题亟需解决。计算机技术的发展为叠后深度偏移解决构造复杂区成像问题提供了良好的平台，使之成为解决该问题最精确、最有效的方法。构造复杂区，特别是山前带存在横向速度变化大、倾角陡、目的层埋藏深等特点。而先前被广泛使用的叠后时间偏移和深度偏移在处理时，使用的是叠加速度，然后利用基于水平条件下的 Dix 公式将叠加速度换算为层速度。所以，对于构造复杂的地区使用的 Dix 公式会导致成像误差变大，而且纵向和横向速度变化大的地层，DMO 技术效果不明显。

具体来说，叠后时间偏移和深度偏移存在以下两个问题：

（1）构造复杂地区，在理论上不能满足水平叠加的双曲线的条件，叠加后的剖面误差大，随之也会影响到叠后的深度偏移；

（2）对于构造复杂的地区成像，首先要解决叠后无法确定偏移速度场的问题。

建立速度模型包括两个方面的内容：①寻找一种有效的手段，能有效地分析和确定速度值；②在此基础上，寻找描述并建立速度分布的方法。整个过程会形成速度模型。其具体涉及到以下几个方面。

1. 速度分析的准则

不同炮检距的同相轴如果要准确成像到深度上，速度要保证准确，在此前提下，对每个共成像点道集进行炮检距的叠加，则可得到最大振幅能量。

在共成像点道中，同相轴的平直程度能反应速度分析是否合理。如果使用的偏移速度大于真实速度，那么按炮检距作深度偏移，同相轴会下移，而且随着炮检距增大而加剧。同样，当使用的偏移速度小于真实速度，同相轴则会上移，而且随着炮检距增大同样会加剧。作速度分析时，如果速度选取不合理，遇到上覆地层复杂、速度变化大的工区，同相轴会呈无规律的弯曲形态。事实上，使用正确速度得到的最大振幅能量与最大相似度只是同一准则下的不同表现形式。

2. 建立速度模型的逻辑关系

速度分析过程实际是一个由上到下逐层迭代的过程，该过程建立在成像的结果之上，该模型的合理与否，直接关系到偏移成像的好坏。地层偏移或成像的过程中，只要求知道当前层的速度和该层上方覆盖地层的速度分布即可，假设上覆地层的速度已知，那么当前地层的速度可以通过实验分析得到。

3. 建立速度模型的过程

在地震资料的处理过程中，涉及到各种速度，包括与反射波视倾角有关的叠加速度、与反射波视倾角无关的 DMO 速度以及均方根速度和层速度。前两者的空间分布与反射波一致，从而可以得到叠加剖面。由于偏移中所使用的均方根速度或层速度是沿地层分布的，仅仅用得到的速度进行偏移或成像还不够，必须作各种相应的校正，如空间位置和数值的校正，对于均方根速度，通过叠加速度和 DMO 来作近似，而且这两种速度比较容易求取。最后对其进行位置及数值等各项修正。在修正的过程中主要用到叠前时间偏移技术。最后得到沿层分布的速度模型。在得到均方根速度模型以及叠前时间偏移剖面之后，可以得到初始层速度分布。应用前面所给的准则，通过由上到下逐层迭代从而修改的方式逐渐逼近正确的层速度模型，使之更接近事实[178, 179]。

12.2.1 叠前深度偏移速度建模技术

Biondo（1999）提出了利用波动方程剩余偏移产生的波场扰动来反演速度的方法[180]。Amoco 公司用剥层法在共倾角-空间域进行速度分析；GeoDepth 软件采用正反演方式求取速度；GeoModel（BGP）采用层速度扫描技术逐层建立速度模型；在深度射线参数域通过剩余偏移自上而下分析层速度；Jacques（CGG）通过共反射点速度扫描建立关系矩阵进行层析速度反演等。

1. 陆上盐丘区叠前深度偏移速度建模实例

针对陆上复杂盐丘区地震资料的特点，陆上盐丘叠前深度偏移的速度建模可分为五步[182]：①盐上沉积层建模；②盐间沉积层建模；③盐顶建模；④盐底建模；⑤盐下沉积层建模。

采用针对性很强的配套处理技术。如图 12-3 所示，它们是：①高精度的 CMP 道集配套处理，如压制噪声、提高静校正精度、均衡能量、提高信噪比等；②时间域速度谱异常时空调查，如对盐丘空间分布、厚度变化定量了解，圈定盐丘大致范围；③提高盐丘两翼的刻化精度，如依陡倾信息刻化盐丘侧翼、弥补资料低频成分、改善侧翼成像质量、精确地消除倾角影响、提供精确的初始层速度场；④偏移迭代中 CIP 道集对盐丘顶、底刻化的约束，依盐丘顶、底在 CIP 道集中的表现，反过来验证盐丘顶、底刻化的正确性；⑤用多种信息对深度-速度模型迭代的约束，用地质认识、钻井信息对深度-速度模型进行定性、定量约束；用声波测井曲线约束速度场空间上的变化；利用钻井分层信息半定量地约束成像在深度上的准确性。

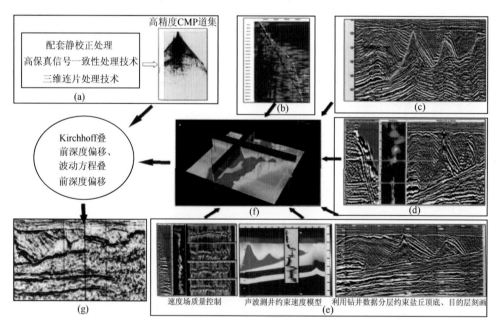

图 12-3　针对陆上复杂盐丘叠前深度偏移配套处理技术的流程

（a）道集；（b）速度谱异常时空调查；（c）借时间偏移提高盐丘两翼刻画精度；（d）迭代中 CIP 道集对盐丘顶、底刻画的约束；（e）地质、测井、钻井等信息对深度-速度模型迭代的约束；（f）高精度盐丘速度模型；（g）复杂盐丘精确成像

通过陆地某区盐丘进行分布建模技术的实验可以得出：叠前深度偏移比叠后时间偏移更能消除假构造的影响，实现了盐丘两翼的准确成像，对于识别目的层的假构造更加有效。见图 12-4 和图 12-5。

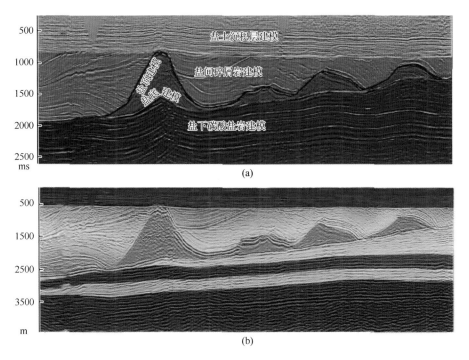

图 12-4 陆上某区盐丘区中区块时间域层位模型（a）及叠前深度偏移速度模型与成像结果（b）

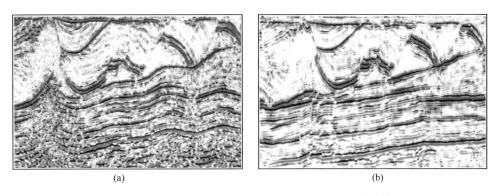

图 12-5 某主测线的叠后时间偏移剖面（a）及叠前深度偏移剖面（b）

2. 共聚焦点层析速度建模法

在作成像速度分析时，可以利用多偏移距地震数据旅行时中的速度信息成分，通过复杂介质中波的传播规律（路径），把中、低速度场从多次覆盖的数据中反演出来。为了减少速度反演的多解性，成像速度分析方法会尽量逼近地震波在地层中传播的真实传播路径。因此，在处理的过程中，会尽可能利用多偏移距，从而增加速度反演的已知信息。

地震数据本身是有缺陷的，无论从理论上还是从反演的角度讲，对于全频带的速度场的恢复是不可能的。虽然不可能恢复全频带的速度场，但可通过多次覆盖旅行时数据，恢复中、低频成分的速度场。而且，高频成分对构造复杂的区域成像或反射系数位置的确定作用不大。

偏移前 CMP 道集以及偏移后的 CIG（共成像点道集）能够多角度提取地下地层多次覆盖的相关信息，所以成像速度分析的方法研究主要集中在这两个方面。除此之外，各大油田和相关机构也在积极寻找不同类型多次覆盖数据的方法。例如，基于双聚焦理论的 CFP（共聚焦点）道集[182]。

事实上，炮点、检波点道集交替向下延拓为双聚焦的基本思想，其本质上与其他的叠前深度偏移成像并无太大差异。从简单的利用平面波数据合成成像，发展到面向目标的控制照明成像，目标越来越小，而目标集中于一点时，就是双聚焦成像的思想。研究的目的意义在于，CFP 道集进行处理时表现出两聚焦过程中波的新特点，生成的道集（CFP）不是全部偏移的道集，而且它所包含的波的单程传播时间，特征简单，理论上合成也比较容易实现。而相比于 CFP 道集共成像点道集，由于受速度场的制约，或更确切的说是成像点上速度不准确导致成像精度不高。从理论上来说，CMP 道集在进行合成时，比较困难，所以利用层析方法研究速度场十分困难。就目前而言，CFP 道集在速度分析时，相比较于其他道集有很大的优势。通过分析前人的成果，利用 CFP 技术开发的速度建模软件[82]在实际地震数据的速度建模应用中效果明显。

对比反射层析而言，偏移后成像道集层析成像优势明显，主要体现在偏移后的道集扭曲、数据的干涉等现象减少。同时，在处理过程中，压制了随机噪声，数据解释更为方便。处理的过程结合了逆时聚焦算子，通过时移差（DTS）得到的时移量可以直接联系速度模型。反演要求系数矩阵可以很方便的通过速度模型的扰动产生的旅行时差确定。层析速度反演可以利用 CFP 道集实现。从处理过程上，利用双聚焦成像技术的层析速度反演方法，就是将双聚焦成像技术和走时反演相结合派生出的一种新的速度模型更新方法。为了让偏移的效果更佳，可以通过 DTS 面板解释的旅行时差反演中得到的速度模型修正量去反复迭代，修正速度模型。速度分析实现可以通过由浅到深、逐点逐层方式实现。

在处理的过程中，所利用的速度和深度分析层位上，通过线性 B 样条或三次样条的插值方法实现层速度和界面的参数化。而模型的参数化是基于界面深度及速度上开展的。利用摄动原理进行参数更新，通过层剥离方式由浅至深逐层实现。用 DTS 偏离的方式对当前模型更新的结果就是剩余误差函数最小化。为了使当前分析层位全部控制点的 DTS 曲线逼近零，需要进行反复的迭代，迭代后再进行下一步的更新[183,184]。

用 B 样条插值对每一次更新后的速度-深度控制点进行插值，得到控制层位和该层的速度，最后，再对插值后的结果进行平滑。与此同时，将所有控制点（当前层）进行反演，得到各个控制点的更新量，这些更新量则相互关联，反演出来的结果更加稳定。

利用层析速度（主要是 CFP 技术）反演时，通过 3 层级迭代实现。

（1）内部迭代。通过反演运算完成。在处理过程中，不改变系数矩阵，模型参数修改量的大小决定迭代次数。

（2）外部迭代，也叫中间迭代。停留在单层速度场更新的级别。首先，每次对迭代合成 CMP 道集和 DTS 面板进行 DTS 面板解释，同时进行下一步的层内迭代。其次，修改速度模型后重复上一步的流程。最后，对 DTS 面板进行综合分析。为了得到理想的结果，外部迭代可以反复进行。

（3）速度反演，即最外层迭代。基于整个成像速度场进行叠前深度偏移解释；反演层位通过中层迭代，对所有层位进行速度反演，得到一个总体的速度模型，该模型比之前的速度模型必定有所改进；最后在该模型的基础上进行叠前深度偏移，对成像结果进行综合分析。此步骤也可以重复多次进行，以达到最佳效果。

图 12-6 是利用层析速度反演法逐层反演得到的最终速度模型。图 12-7 是利用最终结果进行叠前深度偏移的成像剖面。图 12-8 是对成像结果的分析，共成像点道集上的同相轴基本都被拉平，可以认为该成像速度模型较理想，达到预期效果。

共聚焦点道集是一种时间域道集，根据该道集解释得到的剩余时间量与速度模型参数（界面位置与速度）构成显函数关系，这使得它较深度域的共成像点道集（根据共成像点道集解释得到的是剩余深度量，与模型参数构成阴函数关系）而言在速度分析中更具优势。用基于共聚焦点技术的层析速度反演法、向量模型参数化法和摄动法来实现成像速度场的迭代更新，加强了反演计算的稳定性，使得成像效果得到提高。

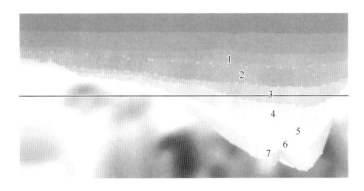

图 12-6 用层析法逐层反演得到的最终速度模型

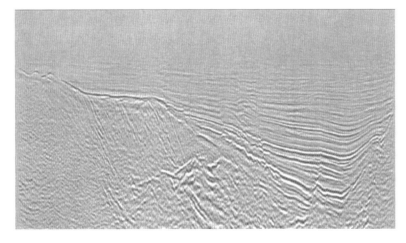

图 12-7 叠前深度偏移成像结果

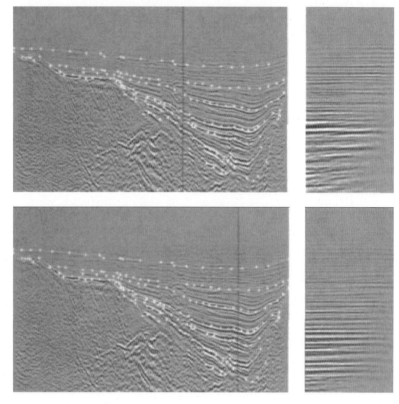

图 12-8 成像结果分析

3. 单平方根与双平方根相结合的波动方程速度建模法

由于叠前深度偏移数据太庞大,我国以及国外的各大学者为了实现基于波动方程的速度建模,做了相应的研究,提出了不少方法,但都是通过研究同相轴的曲度去判断速度是否准确,类似共成像点道集法。这类方法有优点,但缺点也很明显。它能直观、灵敏地反应速度,但是如果利用等效原理将伪炮集排列等效到同一点时,会出现单平方根(SSR)波动方程偏移不能适应炮点横向速度变化的现象。利用双平方根(DSR)波动方程偏移法进行速度分析,能对炮点、检波点同时作变速处理,可以很好地解决高频速度变化的问题。但是 DSR 在处理的过程中必须插值转换才能得到共成像道集,这样速度的灵敏度就大大的降低。结合 SSR 波动方程和 DSR 波动方程能在一定程度上解决上述问题,具体步骤如下。

(1)对工区进行网格化处理,得到速度分析的网格点,网格密度越大,模型越复杂。

(2)通过交互法,迭代修改得到深度域构造形态的地层模型。

(3)选取偏移成像中速度分析的基础资料,可以选取速度分析点上相邻的 N 个 CMP 道集组成伪炮集。

(4)选取炮域叠前偏移函数,利用多道统计的方法,通过伪炮集求取得到地震子波。

(5)在频率-波数域中,将伪炮集震源函数利用 SSR 方程相位延拓到界面的平均深度。

(6)在小域中,对一阶速度利用 DSR 方程进行速度插值校正,即所谓的裂步傅里叶变换。

（7）获取成像小剖面，通过求取正向、反向延拓波场的零时差的想法可以得到。

（8）界面成像。通过第 5、6 步，将波场延拓到目标层的顶界面，通过不同的速度，对目标进行成像，逐层递推。

（9）修改层位模型。结合叠前深度偏移，对层位模型进行 1～2 次迭代。

（10）对多种速度模型进行迭代处理。具体流程为：叠加速度 → 均方根速度模型 → 层速度 → 层速度模型（偏移法）→ 深度域的层速度模型（转换到深度域用深度偏移法），最后在深度偏移的剖面上进行层位结构的修正，在此基础上，再次通过深度偏移法建立最终的层速度模型。

在理论上和实际的资料处理中应用该流程效果明显。理论建模的结果和模型偏移结果相差不大，见图 12-9，其中（a）和（b）为理论建模，（c）和（d）为模型偏移结果。图 12-10 为理论模型偏移的共成像道集，共成像道集中水平状的同相轴说明应用速度模型合理。而从图 12-11 实际资料处理的效果中看出，通过速度分析，得到的剖面结构清晰，形态较为合理。

为了解决纵向及横向速度变化带来的问题，将 SSR 方程和 DSR 方程结合进行偏移速度建模，该法不仅理论上可行，而且实际应用效果也很理想。这种方法不仅能保持对速度变化的敏感度、适应复杂构造区速度建模，而且通过批量处理和交互式的可视化技术结合，最终实现交互式波动方程偏移速度建模。同时，偏移速度建模技术相应的算法比较复杂，所以编制的软件也比较复杂。在均方根层速度两者之间进行迭代的同时，它还涉及到时间及深度域，而且对层速度要由浅到深反复进行迭代。偏移建模要达到最佳效果，其工作量很大。所以地震资料处理人员和相应的解释人员必须相互沟通，将速度建模和偏移相结合，才能取得最佳的速度模型。

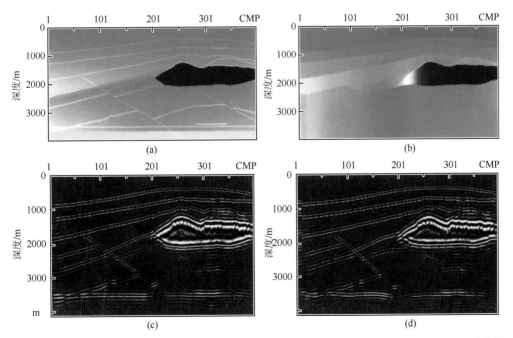

图 12-9　（a）二维理论 EAGE 速度模型；（b）用本方法建立的 EAGE 速度模型；（c）图（a）速度模型叠前深度偏移剖面；（d）本模型的偏移结果

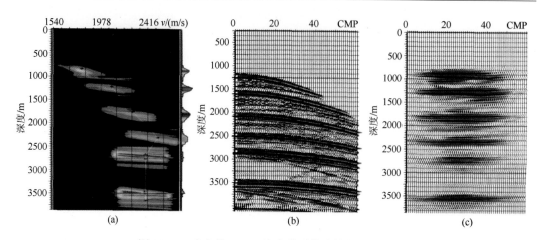

图 12-10　建立的 EAGE 速度模型偏移的共成像道集

（a）深度域层速度谱；（b）CMP 道集；（c）深度偏移共成像道集

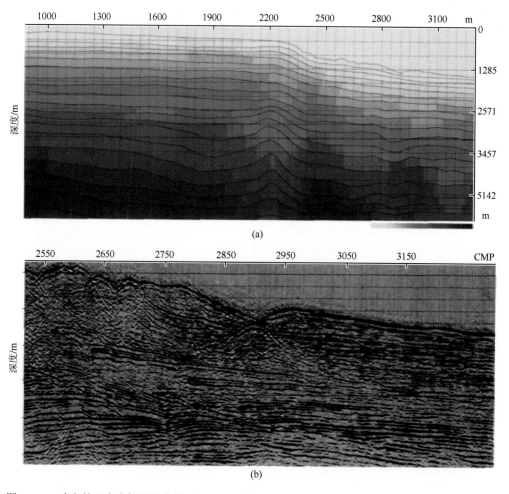

图 12-11　建立的深度坐标层速度剖面（a）及用建立的层速度模型处理的叠前深度偏移剖面（b）

12.2.2　Kirchhoff 叠前深度偏移

Kirchhoff 偏移是最容易从运动学角度描述的方法，其偏移原理可简述为：在地表给定一个激发点和一个接收点，在只有一次波的未偏移剖面上，时间 t 时刻的样点可能包含了来自地下任何反射点的能量，而它们从激发点到反射点再到接收点的整个旅行时间为 t；在常速介质情况下，这些点的轨迹是三维椭球体（或二维椭圆）的下半部分，激发点与接收点分别位于两个焦点上；当激发点与接收点重合时，椭球体成为球体（椭圆成为圆），反射点只可能位于这些轨迹之上；由于只知道未偏移道中的一个脉冲，偏移将这个脉冲分布到所有可能反射点的轨迹上；给定一个样点，将该点分布到它所对应的轨迹上；对所有样点重复这个过程，并将所有轨迹的贡献累加到输出结果中，这样就完成了偏移。

下面的方程是常速偏移的精确描述，许多偏移算法都以此为基础：

$$P(x,y,z=0,t=0) = \int W(x-x',y-y',z) \times P'(x',y',z=0,t=r/v)\mathrm{d}x'\mathrm{d}y' \qquad （12-8）$$

式中，W 为加权函数；v 为速度的一半；r 为地表位置 $(x',y',0)$ 与成像点位置 (x,y,z) 之间的距离；P' 表示对地表记录波场的时间导数，输出偏移成像点为 P。

可将每个成像点作为地震能量的绕射点考虑，Kirchhoff 偏移沿绕射线进行振幅的加权叠加并将叠加结果置于散射点位置。在偏移孔径范围内累加所有道就完成了对该点的计算。Kirchhoff 偏移存在以下几点问题[200, 203]：①从理论上讲，大多数基于 Kirchhoff 方程推导出的偏移方法都是在基于 wt（w 为频率，t 为走时）非常大的假设前提下得出的，如果满足这个假设，那么激发点与接收点的距离为数个波长的范围内不能成像；②波速变化引起的问题，在利用 Kirchhoff 偏移法进行偏移时，大多数采取了高频近似的方式，从而造成绕射点和接收点（或者激发点）之间必须有很大的传播距离，而且只能将观测到的波场向下延伸很长的距离，这样会造成多种传播路径，然而 Kirchhoff 偏移是基于能量沿少量路径的制提，其通常为 1 条路径传播。

当然，只有一条或少量传播路径的限制同时也成为 Kirchhoff 偏移最大的优点之一，使得它在横向变速时比其他方法运行得快得多。能精确处理横向变速的最通用方法是波场延拓，该方法递归地从前一个深度计算当前深度的波场。而 Kirchhoff 偏移是非递归的，因为它从接收近地表直接计算所有深度的波场。尽管波场延拓方法考虑了所有可能的传播路径，但它们受到倾角的限制，而且计算时间也比 Kirchhoff 偏移长得多。因此 Kirchhoff 偏移最大的优势在于灵活性和相对高效率的横向变速能力。

Kirchhoff 偏移方法的精度变化范围相当广，这与采用不同的旅行时求解方法有关，包括从简单的 Eikonal 方程求解到振幅与相位保持的动态射线追踪[185]，Audebert 等应用 Marmousi 模型对这些方法进行了比较[186]。

除了理论缺陷之外，Kirchhoff 偏移还有两个实际的不足，第一是精度不够，第二是假频问题。Abma 等解释为[187]：当地震子波通过未偏移数据的一个平直部分时，绕射界面的陡倾部分容易采样不足。为解决该问题，Gray 和 Lumley 等提出减少绕射界面陡倾部分的频率成分，这个方法很好，但增加了复杂度[188]。对于精度不够的问题提出了一些改进方法，高斯束偏移将激发点与接收点波场局部分解成"束"，并利用极为精确的射线追踪方法将这些束传回地下。一些束在给定近地表位置开始发射，不同的束对应不同的初始传播方向，束与束之间彼此独立，由单一的射线通道引导传播。射线通道可以重叠，所以能量可以由多于一个的路径进行传播。Bevc 研究得到多路径的不同算法，该算法为了满足 Kirchhoff 偏移的假设条件，应用 Kirchhoff 偏移将波换算到接收面以下若干波长大小的深度。同时假定有限深度范围的多路径不会造成致命的问题。同时在该深度应用 Kirchhoff 偏移方法计算向下延拓的波场，并将该波场用于下一个有限的深度范围。在几轮偏移与下延的混合计算后完成处理过程，这种方法在二维情况下很实用。

1. Kirchhoff 叠前深度偏移应用实例

时间剖面上假构造产生的原因：①上覆地层中速度出现横向异常变化，其下覆地层，在时间剖面上就出现假构造；②逆掩推覆体、高速的盐丘、局部火成岩体、天然气富集、上覆铲状较陡、厚度剧变等。

解决方法[189~191]：①叠前深度偏移可从根本上消除时间剖面上的假构造（见塔里木盆地迪那地区叠前深度偏移前、后对比图（图 12-12））；②横波勘探可消除因地层含油气而产生的假构造（图 12-13 和图 12-14）；③变速成图可恢复构造平面形态（图 12-15 为柴达木盆地跃 5 号构造等 T0 图和变速成图后的构造图比较）。

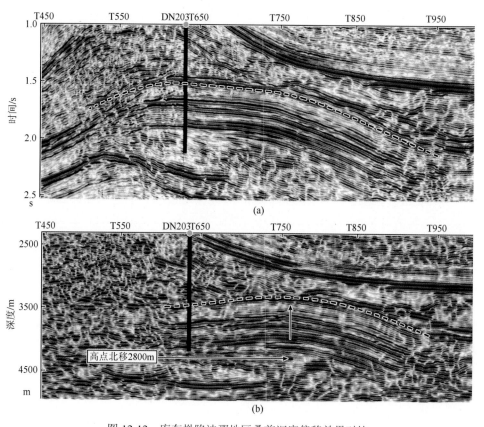

图 12-12　库车拗陷迪那地区叠前深度偏移效果对比

（a）由于逆掩推覆，速度横向变化剧烈，使时间偏移变形；（b）叠前深度偏移后改善了成像质量

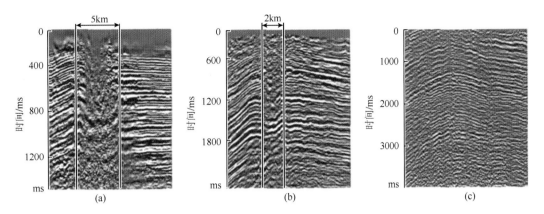

图 12-13　三湖地区不同波形气云区成像对比

（图）PP 波;（b）PS 波;（c）地震多波勘探极大地提高了气云构造成像精度

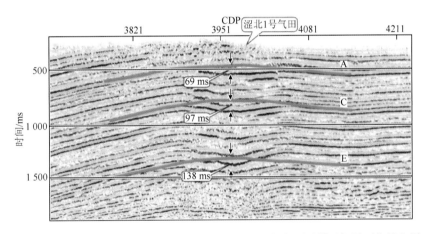

图 12-14　柴达木三湖地区涩北 1 号气田 88300 线叠加剖面反射同相轴下拉量分析

（A：下拉 69ms，C：下拉 97ms，E：下拉 138ms，说明各层都含气）

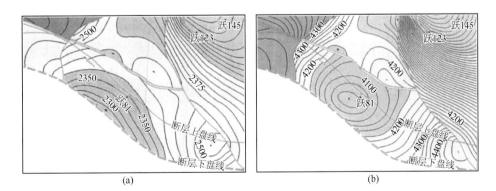

图 12-15　柴达木盆地跃 5 号构造等 T0 图（a）与变速成图后等深度构造形态对比（b）

　　塔里木库车拗陷大北地区——该地区地下地质构造复杂，地层横向速度变化大，作三维地震资料时间偏移时，结果与钻井成果不能吻合（2005 年）。该区由于发现高产的工业气流（1999 年）被国家"西气东输"工程选定为第一批天然勘探目标。随后，利用 Kirchhoff 积分法，即叠前深度偏移对该地区的资料进行了重新处理。结果表明，位于大北 1 井的构造高点向南偏移了 1.4 公里，而断点向北偏移，这与钻井结果十分吻合。因此，该成果从本质上改变了人们对该区地质结构的认识，所绘制的地质构造图与地下的基本构造形态一致，为下一步气藏的评价工作提供了依据。图 12-16 为该区 T8 反射层顶面的构造对比图。

　　塔里木库车拗陷迪那地区——该区由于逆掩推覆作用造成地层速度横向变化大，应用时间偏移很难得到好的效果。与大北工区类似，该区应用叠前深度偏移方法进行处理后，大大地提高了成像效果，构造高点向北偏移了 2.8 公里，图 12-12 为处理前、后的效果对比，通过对比，人们进一步完善了对地下构造以及油藏的认识。

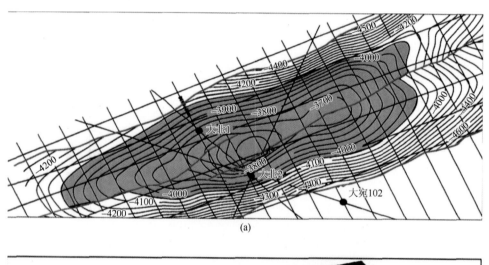

(a)

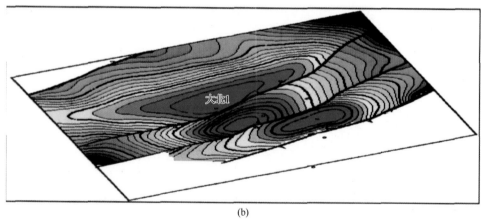

(b)

图 12-16　塔里木库车拗陷大北地区 T8 反射层顶构造图对比

（a）原构造图；（b）叠前深度偏移构造图

　　松辽盆地——通过时间偏移技术识别埋藏深、非均质性强以及地层倾角变化大的深层火成岩储气层具有很大难度。为了提高成像质量、改善火成岩储气层的内幕及边界的预测精度、圈定有利靶区，该区采用了叠前深度偏移（见图 12-17），并取得了良好的效果。

图 12-18 为火山岩储气层的水平切片。

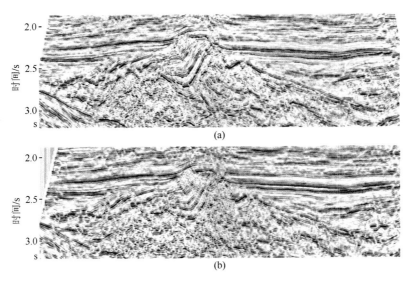

图 12-17 松辽盆地深层叠前深度偏移与叠后时间偏移效果对比

（a）叠前深度偏移剖面；（b）叠后时间偏移剖面

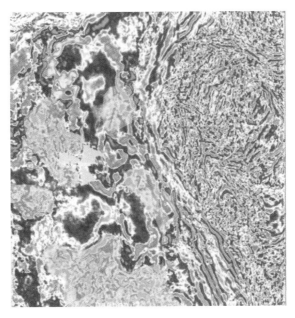

图 12-18 松辽北部安达断陷带 WLT 地区火山岩体水平切片特征

冀东拗陷——该工区中，任丘潜山区块地质构造复杂（边界断裂高陡、内幕复杂多变），采用时间偏移，边界断裂，在成像时往往与实际位置相差甚大。成像结果中，反射面生油凹陷的接触关系模糊不清，该成果根本不能用于确定勘探井的位置。采用叠前深度偏移处理后，得到了准确的边界断裂的成像，为下一步划分圈闭提供了依据。

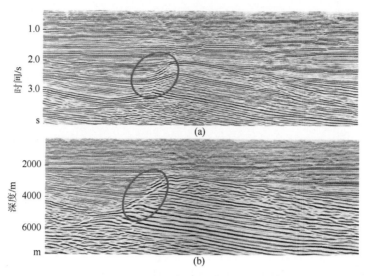

图 12-19　冀东拗陷任丘潜山叠前时间偏移与叠前深度偏移效果的对比

（a）叠前时间偏移剖面；（b）叠前深度偏移剖面

沾化凹陷——在该区中孤西潜山带采用叠前深度偏移对该区三个区块（河口—陈家庄、孤岛富林、桩海）的连片三维地震资料以及两个区块（渤深 6 井、渤古 1 井）的三维高精度地震资料进行重新处理，处理流程见图 12-20。重新处理的结果表明，采用叠前深度偏移成像技术后，成像效果有所提高，特别是浅层、中层断点以及断面形态清晰，见图 12-21。不仅如此，应用该方法后，波组关系比较合理，深层归位以及大断裂，特别是陡倾角的大断裂成像质量有明显的提高。同时，对于潜山内幕成像剖面来看，该技术不仅清晰反映了潜山形态，而且清楚展现了潜山老地层层间丰富的信息，构造假象也得到了有效地消除（图 12-22）。该地区地层速度横向变化引起的叠后偏移归位有较大误差的问题得到了有效解决。

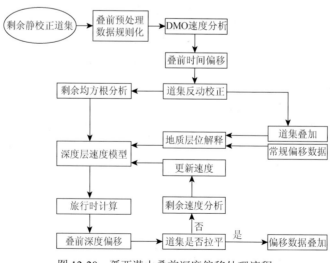

图 12-20　孤西潜山叠前深度偏移处理流程

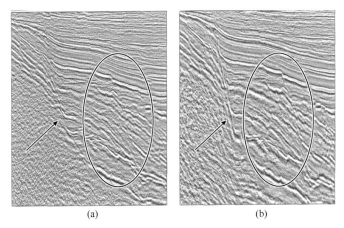

图 12-21 叠后时间偏移（a）与叠前深度偏移（b）的断层成像剖面

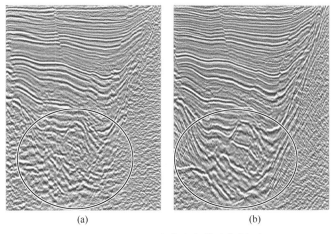

图 12-22 L831 线潜山内幕成像剖面

（a）叠后时间偏移；（b）叠前深度偏移

2. 碳酸盐岩地震勘探应用实例

塔河油田——该区是以奥陶系碳酸盐岩为主的缝洞型油藏，由于油藏的储集体受裂缝以及岩溶等因素控制，形成了形态复杂、非均质性强、埋藏深等特点，造成该区反射信号弱，所以常规地震勘探的效果不是很明显。根据地震资料进行正演，结合该区的地质资料以及地震表现给出三种碳酸盐岩的识别模式。

（1）产油层不规则地震反射明显。如图 12-23，累积产油量高，储层极为发育的井多为该类识别模式（通过钻井钻遇储层与地震波形特征相结合）统计得出。

（2）"串珠状强振幅"地震反射结构。储层的规模大小可以用串珠的数量表示，见图 12-24。

（3）弱振幅、低频率地震反射结构。主要出现在奥陶统的风化面附近（主要集中在中、下奥陶统顶面），反射由横向分布广、厚度薄的溶洞反射叠加引起。叠加的结果使反射波能量变弱，而且反射波的正、负极性的续至波也变得较弱（正极性的反射波产生于溶洞底部与下伏围岩之间，负极性反射波产生于下奥陶统顶面）。随着分化面附近的溶洞厚度增加，速度也随着溶洞内充填物的增加而降低，造成顶面和溶洞底部出现低反射能量、低频率的现象（高频成分大部分被吸收）。在远离风化面的区域会出现振荡现象，主要原因是距离风化面的距离与溶洞顶底反射强度成正比，由此，"弱振幅，低频率"的地震反射结构逐渐过渡到"串珠状强振幅"的地震反射结构。

对碳酸盐岩储层进行定量分析，同时用频谱分解（图 12-26）、波形分析（图 12-27）以及反射强度（图 12-28）对储层进行三维空间描述。

普光气田——海相碳酸盐岩具有特殊的地质环境，该区结合自身工程技术条件，通过多年的理论探索和研究，对每项难题进行技术攻关，总结出一系列复杂山地碳酸盐岩油气藏地震勘探技术。

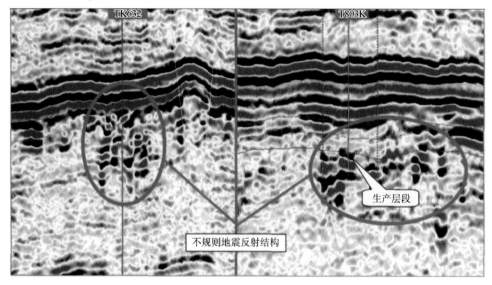

图 12-23　塔河油田过 TK632 井和 T803K 井地震剖面

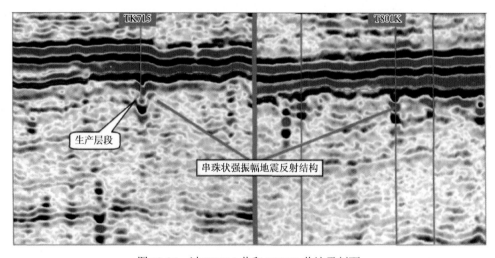

图 12-24　过 TK715 井和 T801K 井地震剖面

采集上的对策：①加强勘探部署，不断探索碳酸盐岩裸露区地震勘探实用技术；②开展表层结构调查，井位调查，采用"五避五就"原则——避干就湿、避高就低、避碎就整、避土就岩、避虚就实；③采用"盒子波"技术调查干扰波，进行有效性压制；④采用合理、灵活多变的观测方式，综合考虑质量和成本因素，采用高覆盖次数、长排列压制次声干扰；⑤优化激发、接收工艺，避免微震干扰；⑥加大对钻机、炸药、检波器、地震仪的应用的研究力度。

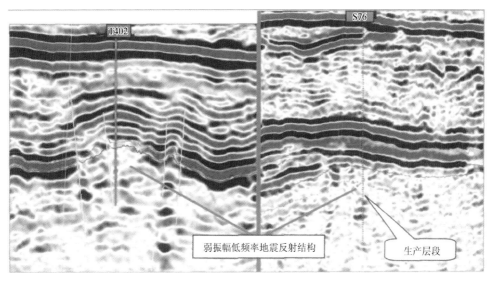

图 12-25　过 T402 井和 S76 井地震剖面

关于成像处理中的对策：①通过野外调查近地表的地质情况，结合初至波层析成像，再利用剩余静校正进行综合分析；②高精度偏移速度模型的建立；③提高走时精度，特别是大炮检距的走时精度；④利用波场的相干理论，发展及完善基于叠前深度偏移的保幅技术。为了保证储层的成像精度，采用叠前偏移的拟起伏地表曲射线技术。总体思路为：首先建立时间及基于反演层速度的速度模型；再采用目标线偏移对速度-深度模型进行优化，确保速度场的准确性；最后进行叠前深度偏移。该对策在实际应用中取得了良好的效果，见图 12-29。

关于碳酸盐岩储层预测的对策：①测定物性参数；②研究储层的地震响应特征；③建立碳酸盐岩储集层的识别模式；④恢复研究区的古地貌；⑤从地震上识别研究区的礁滩发育区；⑥利用频谱成像技术进行碳酸盐岩储集层预测；⑦探索总结出一种符合该区情况并且行之有效的储层预测技术。

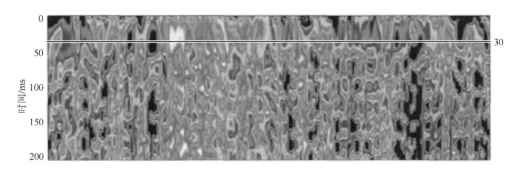

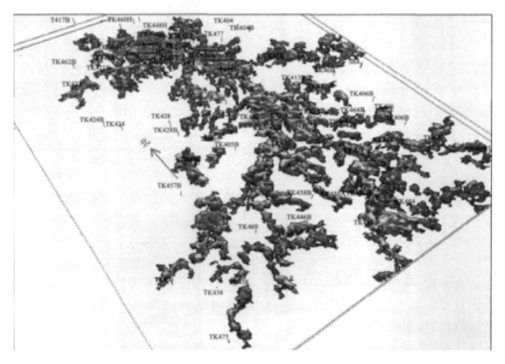

图 12-26　塔河 4 区奥陶系表层 20ms 时频分析

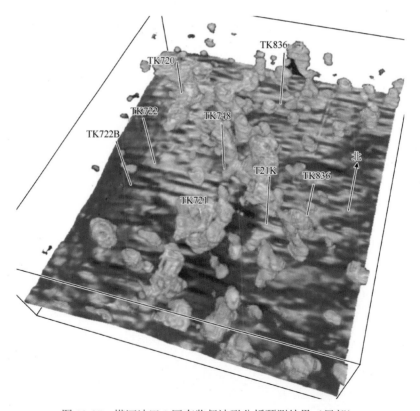

图 12-27　塔河油田 8 区有监督波形分析预测结果（局部）

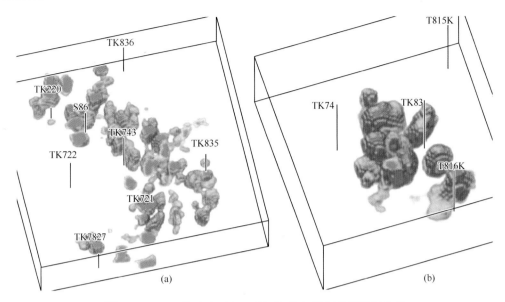

图 12-28 S86 井（a）和 TK831 井（b）缝洞单元空间分布

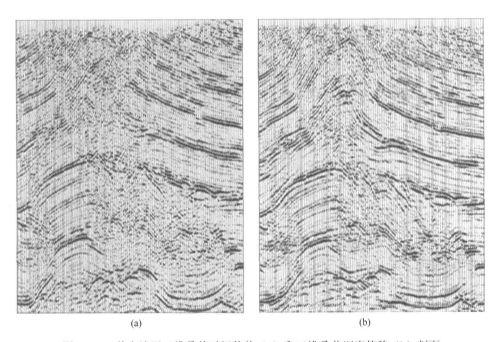

图 12-29 普光地区三维叠前时间偏移（a）和三维叠前深度偏移（b）剖面

达县—宣汉油气勘探对象随着地震工作程度的提高以及勘探方向的改变，由单纯的构造勘探转向构造—岩性复合勘探。在该区通过实施高精度的三维地震（高分辨率、高覆盖以及宽方位）使该区的地震资料的质量有了质的提升。在此前提下，先前不被专家看好的一系列的海槽相气藏，如飞仙关组鲕滩、长兴组礁滩空隙型气藏以及特大型气田——普光气田相继被发现。其中，普光气田是四川盆地埋深最大的气田也是四川盆地丰度最高而且储量最大的油气田。

　　飞仙关组地震响应模式主要以鲕滩储层为主，进一步细分为普光型地震响应模式、大湾型以及毛坝型。①普光型：主要分布在普光和老君构造一带，从地震剖面上来看，表现出多轴、频率低、速度低、振幅中强而且连续性差、反射特征杂乱或者透镜状结构反射等特征。图 12-31（b）为普光型长兴组生物边缘礁，该礁体作为礁盖主要位于长兴组顶部。普光南部、老君构造以及大湾构造相变线附近（主要位于台地边缘古斜坡的陡缓转折带）都为该类型的分布区。该类型的主要特点为：储层体的顶部表现为强振幅，内部表现为弱振幅、低频率的特点，反射特征以杂乱或透镜状反射为主。②大湾型地震响应模式主要分布在大湾型构造相以北地区，地震剖面上主要以双轴、频率低、速度低、振幅强以及以亚平行结构为主的典型"亮点"反射特征。③毛坝型地震响应模式，主要分布于毛坝构造北部地区。地震剖面上呈三轴、中等频率、强振幅、连续性中好以及平行结构的"亮点"反射特征。图 12-31（a）为毛坝型长兴组生物礁：该生物礁体比较分散，主要分布于分水岭构造一带到毛坝构造中部的碳酸盐岩缓坡相区，该储层礁体的地震响应与长兴组顶部礁体响应特征类似，差异在于该礁体底部表现出强振幅的特征。通过钻井得出的储层组合关系与正演成果（图 12-32（b））以及其它手段的综合研究，构建鲕滩、生物礁的地质模型。在波阻抗连井剖面中，通过去除泥岩以及膏岩（主要采用伽马和密度数据进行约束的方法）后，储层的低阻抗异常以及横向非均质特征更加明显（图 12-33）。同时为了使孔隙度的反演效果更佳，可以采用约束后的波阻抗数据与该剖面上的钻井岩心孔隙度数据作交会分析，得到储层层位更为准确的孔隙度与波阻抗的相关关系式。

　　川东北通南巴构造带——通巴构造位于鲕滩沉积相带，储集层的沉积类型主要为海相碳酸盐岩沉积。经过精细标定、地球物理响应特征分析、敏感属性分析、储层预测以及综合评价分析研究后，效果显著。图 12-34、图 12-35 分别为该区 T_1f_3 岩相古地理及有利储层的分布。

　　大港地区的最新成果——根据该区内存在的问题，针对性的采用精细连片处理技术具体的分析，最终处理效果有明显的提高（图 12-36）。

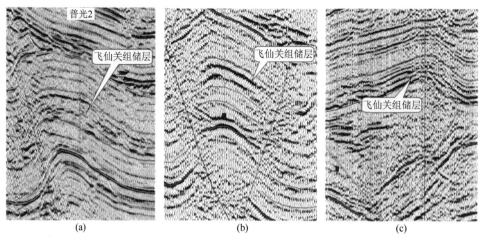

（a）　　　　　　　　　　（b）　　　　　　　　　　（c）

图 12-30　飞仙关组鲕滩储层地震响应模式

（a）普光型；（b）大湾型；（c）毛坝型

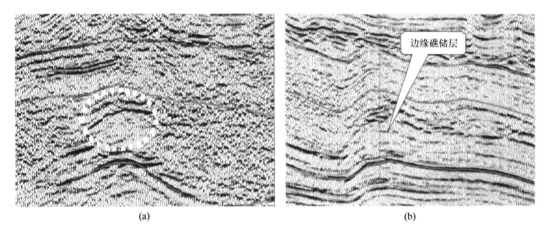

(a)　　　　　　　　　　　　　　　　(b)

图 12-31　毛坝型长兴组礁滩（a）和普光型边缘礁（b）储层地震响应模式

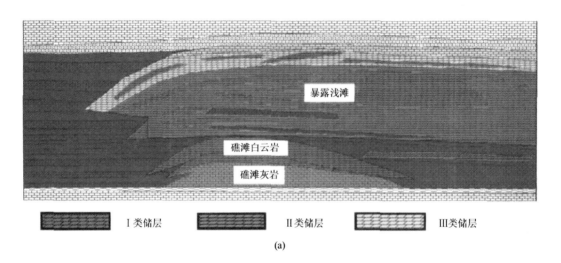

边缘礁储层

暴露浅滩

礁滩白云岩

礁滩灰岩

Ⅰ类储层　　　　　　Ⅱ类储层　　　　　　Ⅲ类储层

(a)

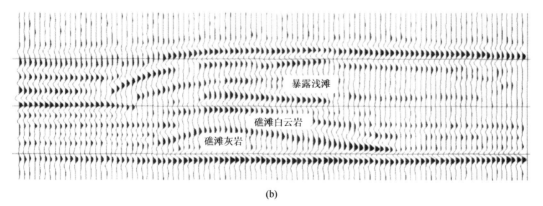

暴露浅滩

礁滩白云岩

礁滩灰岩

(b)

图 12-32　普光气田依据钻井揭示的储层组合关系构建的鲕滩和生物礁地质模型（a）
与正演结果（b）

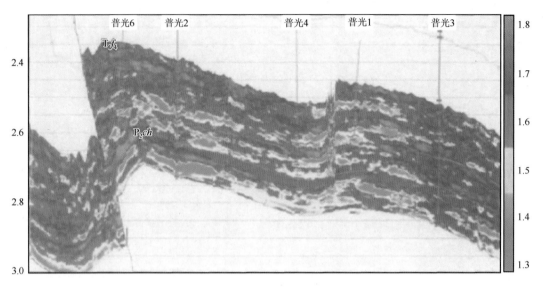

图 12-33　用伽马和密度数据、去除泥岩和膏岩后的波阻抗连井剖面

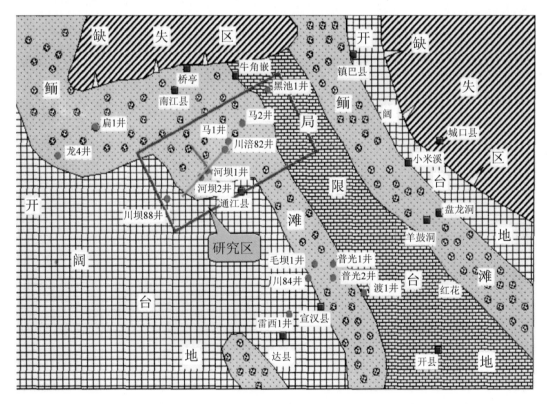

图 12-34　川东北飞仙关组 T_1f_3 岩相古地理分布

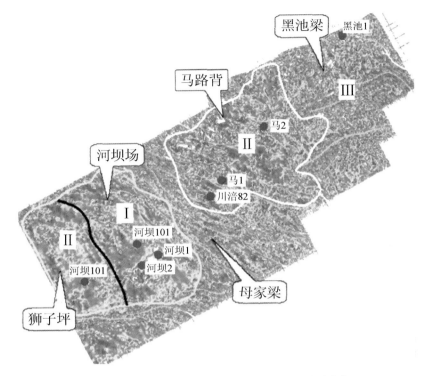

图 12-35　川东北通南巴飞仙关组有利储层平面分布

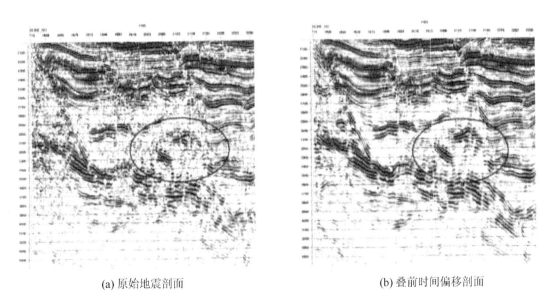

(a) 原始地震剖面　　　　　　　　　　　(b) 叠前时间偏移剖面

图 12-36　新老剖面对比（大港地区）

12.2.3　波动方程叠前深度偏移

在此将基于波动方程波场延拓的偏移技术统称为波动方程偏移技术。

1. 有限差分法偏移

有限差分偏移于 1935 年由 Koehen 提出，能够有效解决各种不同类型的偏移问题[199]。有限差分偏移分为隐式和显式两类。基于局部重复应用褶积运算的显式有限差分偏移为

$$p(x,y,z+\Delta z,w) = \int w(x-x',y-y',\Delta z)p(x',y',z,w)dx'dy' \tag{12-9}$$

式中，$p(w)$ 为波场 $p(t)$ 的时间域傅里叶变换。该公式实际上为波场中的一个单频分量（由激发点或接收点产生）向下延拓的表达式。速度是包含在加权函数 w 中的波场由深度外推的格林函数[204]。

有限差分偏移通过递推的方式进行，即已知 z 处的波场去外推 $z+\Delta z$ 处的波场，而且要考虑波传播的多路径问题。

利用显式有限差分作叠前深度偏移时首先要将波场（激发点或接收点处）由地表向下外推到地下所有深度，在激发点处，沿波传播方向外推，接收点处相反。然后，采用接收点的波场与反射界面处激发点波场的等效原理，于每一具体深度对向下延拓的波场进行混合成像。考虑成像条件，如几何扩散、激发、接收以及照明等可以改善计算的振幅值[200]。

观测系统和实际考虑决定于"真振幅偏移"的方式。在无限空间中的褶积运算，现实中不可能存在，必须对其进行截断。在成像过程中，不合理的截断，局部或许精确，但越向下，误差会呈指数级扩大，所以实际应用时截断会造成数值的不稳定。解决这类问题的方法有很多，但是没有哪种方法能够做到面面俱到。如果要使数据变得稳定，那么陡倾角的成像质量就会变差。从数学的角度来看，加权函数 w 用常数格林函数进行近似会导致速度不一致，但能够有效地应用到显示有限差分偏移，能够有效地解决波场引入的局部不规则性。

必须要注意的是，最稳定的有限差分偏移对于横向速度变化大的情况也无能为力。

隐式有限差分偏移作为最早基于波动方程的偏移方法，可在时间域进行，也可以在频率域进行。显式和隐式的含义在数学和偏移上略有不同，在有关偏移文献中，不仅指显式及隐式不同的数值解法，还指求解波动方程的类型不同。隐式方法求解的单程波方程其自身是稳定的、全通的，而且没有衰减区，除开陡倾角的情况，单程波与精确的波动方程在对波向下传播或近似向下传播的情况没有太大的差别。

在适度倾角范围内，隐式与显式有限差分方法是精确的，它们在陡倾角方面的精度通过额外的工作也可以得到提高，它们都是波场延拓方法，缺乏 Kirchhoff 偏移的灵活性，但支持多路径。

偏移方法的代价包括地震数据资料中频率成分以及成像的最大角度等因素。由于波场的每个频率分量是单独成像的，采用的频率个数越多，频率域方法的代价越大。地震数据资料的频率也影响 Kirchhoff 偏移的代价。由于数据最大频率决定了成像深度分辨率，从而进一步决定了允许的最大深度步长。所以，Kirchhoff 偏移的代价和最大频率成线性正

相关。该因素也存在于频率域中，依赖于频率成分，只与最大频率的二次方有关，不同于常规的线性关系。

偏移孔径方面，有着更加显著的区别。Kirchhoff 偏移的主要运算内容是计算发散输入样点到输出孔径，以及沿绕射曲线累加输入道。与差分偏移不同的是，如果 Kirchhoff 偏移需要大孔径，一个输入道会在多个输出道上"摆动"，而差分偏移由于是波场向下延拓较大的孔径必定是整个差分偏移的一部分。譬如，在共炮点偏移方式中，差分偏移会产生巨大的额外运算，这是由于横向位置激发的点源场向下延拓时，会将能量分散到许多横向的位置，既便没有能量存在的条件下，在波场的下延中也包含了这些无用位置的道。因此，用差分偏移很费时，经济上也无法承受，特别是在对海上地震数据进行三维叠前深度偏移时，根本无法与 Kirchhoff 相提并论。

对于三维地震中，叠后偏移使用差分法时，偏移孔径不需要增加额外的道集填补，故该方法在倾角合适的情况下要比 Kirchhoff 偏移有优势。

2. 傅里叶偏移

傅里叶偏移算法通常利用快速傅里叶变换来进行波场延拓计算，相移偏移算法是最早的傅里叶偏移方法。这种方法不存在偏移倾角限制和频散现象，并且计算效率高，但它在计算过程中基于地下介质层内常速假设条件，实际中无法满足横向变速地层条件下的成像精度。为了改进早期的傅里叶偏移方法，提出在早期的傅里叶偏移成像方法的基础上增加对横向速度扰动引起的时差的校正处理。这些方法的基本思路是进行速度场分裂，即把复杂的介质速度场分裂为"常速背景场+层内变速扰动场"，然后针对分裂后的速度场分别进行波场延拓处理。例如，Stoffa[201]提出的分步傅里叶偏移方法，针对常速背景对应的波场，利用基本的相移法进行波场延拓成像，针对变速扰动引起的时差进行时移校正，该方法适用于横向变速非剧烈情况下的深度偏移成像。Ristow 等[202]提出的傅里叶有限差分深度偏移成像方法是在分步傅里叶方法的基础上，加上一个有限差分项对二阶以上速度扰动引入的时差进行校正，该方法适用于横向变速剧烈情况下的偏移成像。20 世纪 90 年代初，Wu 等[204]在波动方程格林函数解法的基础上，通过一系列近似处理手段，发展了较实用的广义屏算法，这类算法可用于研究波（声波或弹性波）的传播问题，还可用于地震波波场偏移成像，在此基础上发展起来一系列的偏移成像算子，包括傅里叶有限差分算子、分步傅里叶有限差分算子、广义屏算子等。

近几年，很多学者在现有偏移成像算子的基础上，利用数学优化算法，提出了一系列优化系数的偏移算子算法，这些算法在偏移成像计算过程中具有高的成像精度和计算效率。作者在优化系数的偏移算子算法的研究上也取得了一定的进展，分别提出了优化系数的混合域傅里叶叠前深度偏移方法和基于切比雪夫逼近的广义屏叠前深度偏移方法。前者对频散方程的单平方根算子采用了有理切比雪夫逼近，与连分式展开的逼近算法对比后发现，该优化算法能降低偏移逼近算子与频散方程的单平方根算子的相对误差，提高了在陡倾构造及强横向速度变化地区偏移成像的精度；后者通过对比切比雪夫逼近及泰勒逼近的广义屏单程波偏移算子，提出的切比雪夫逼近的广义屏单程波偏移算子能降低与频散方程单平方根算子的相对误差,从而提高该偏移算子在陡倾构造及强横向速度变化地区的成像效果[204]。

从目前的研究成果、应用效果以及可行性和实用性来看,傅里叶偏移方法有很好的应用前景。

3. 逆时偏移

逆时偏移利用有限差分求解波动方程,但不在深度域外推,而在时间域求解全(双)程声波或弹性波方程,允许波场在任何方向传播。逆时偏移是有限差分模型正演的逆运算[205]。薛东川[206]、Baysal[207]和McMechan[208]介绍了逆时偏移方法。

逆时偏移也存在稳定性与数值发散问题,解决这些问题很简单,但非常昂贵。

叠前逆时偏移必须填补记录道以满足偏移孔径的缺陷。从波动方程的角度来说,逆时偏移是最精确的方法,其他方法则显得不足。

文献[206]中,中国石油大学 CNPC 实验室的薛东川等用"波动方程有限元叠前逆时偏移法"对逆时偏移的研究取得了重要进展,其模型数据(Marmousi)的成像质量及运行效率方面都是不错的(图 12-37、图 12-38 以单炮记录的输入形式作为并行运行的条件,从而消除了推广应用中的一个瓶颈)。但其"起伏地表"的尝试条件太简单。这也是对所有偏移方法,特别是深度偏移方法的一个挑战性课题。

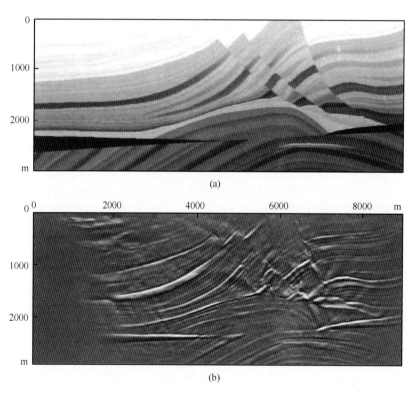

(a)

(b)

图 12-37　Marmousi 速度模型(a)及有限元逆时偏移成像结果(b)

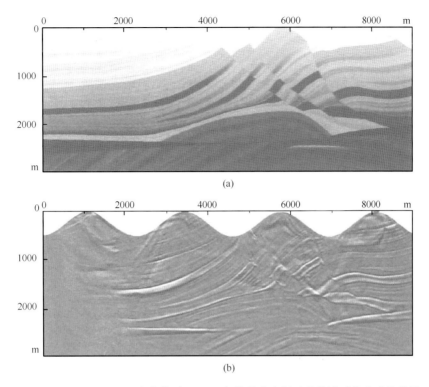

图 12-38　带地形的 Marmousi 速度模型（a）及起伏地表有限元叠前逆时偏移成像结果（b）

因为以往的深度图件都没有考虑近地表的影响，偏移不会从地表开始，速度的使用也未考虑近地表结构（包括时-深转换）。成图大都用该区的测井曲线，以测井信息为约束条件，当没有井时，图的误差就相当大。

未来我们的深度偏移射线会从地表开始、速度从近地表结构开始，如此一来，相信即使在没有井信息的情况下，深度偏移的结果也不会有大的误差。当然，有井约束下的构造图件，其精度会更高。

4. 频率波数域偏移及其横向变速能力扩展

Kirchhoff 与逆时偏移在时间-空间域进行，显式有限差分与部分隐式有限差分在频率-空间域进行。Stolt[208]和 Gazdag[209]介绍了两种对垂向变速严格正确的叠后偏移方法，以计算快速弥补了灵活性不足的缺陷并得到广泛应用。这两种方法首先通过傅里叶变换将输入道从时间-空间域 (t,x,y) 变换成简谐平面波分量 (w,k_x,k_y)，这种变换很有用，因为在频率域，常速波动方程成为一个关于时间频率 w 与简谐平面波波数分量 (k_x,k_y,k_z) 的简单代数恒等式。

Stolt 偏移利用此关系在每一步将 (w,k_x,k_y) 处的振幅与相位移动到对应的 (k_z,k_x,k_y) 并向下延拓，在内插到规则网格点后再作傅里叶反变换回 (z,x,y)，生成期望的空间域图像。

Gazdag 的相移法稍微复杂一些，它对每个 (w,k_x,k_y) 分量从一个深度到另一个深度进行单独向下延拓，下延方程具有相位旋转的形式：

$$\tilde{p}(k_x, k_y, z + \Delta z, w) = \tilde{p}(k_x, k_y, z, w) \exp\left\{ i\Delta z \sqrt{\frac{w^2}{v^2} - (k_x^2 - k_y^2)} \right\} \qquad (12\text{-}10)$$

其中，$\tilde{p}$ 是波场 p 的时间-空间傅里叶变换，v 是深度 z 与 $z + \Delta z$ 之间的速度。

因为它的递归设计，相移法遵从斯涅耳定律，当波前通过速度界面时自然地改变倾角，这使得它能够对墨西哥湾沉积盆地中的高陡侵入体精确成像。在横向速度不变时，相移法的成像倾角可大于 $90°$[210]。当能够看到图像比了解其精确位置更重要时，(w, k_x, k_y) 方法成为许多叠后和叠前时间偏移的基础。

这些方法在深度偏移方面受到限制，对相移法的两个扩展使其能用于叠后深度偏移。

Gazdag 和 Sguazzero 发展了相移加内插（PSPI）的偏移方法[211]。该方法思路与相移法相同，但在深度 z 与 $z + \Delta z$ 之间延拓时要多次应用不同的速度，建立波场时利用 (x, y) 处的速度指导常速外推。用的速度越多，PSPI 的精度越高。这是一个很精确的深度偏移方法。

5. 起伏地表波动方程叠前深度偏移技术

如今，计算机无论在硬件还是在软件方面，都在飞速发展。复杂地表和地下地质构造成像能用叠前深度偏移技术解决。时移静校正处理近地表横、纵波速变化非常大的地区会产生很大的误差，在这种复杂的地区，首先采用初至波层析成像技术构建地表速度场，然后采用依次累加延拓的思想构建的地表速度场与深层的速度场进行衔接，最后采用误差补偿。频率-空间域的有限差分算法完成波动方程叠前深度偏移具体流程见图 12-39。

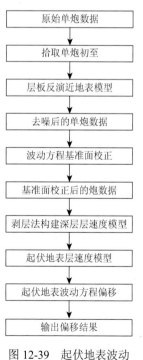

图 12-40 为模型正反演的结果，除了近地表，其成像效果都很好。近地表的问题为：①模型不合理，主要是速度纵、横向变化不合理；②上下人为地形成一个截然不连续的速度模型。因此，近地表的偏移结果就多出一个水平层；大低频的成像形态是地表面的反映。

图 12-41 是水平叠加与深度偏移结果的比较：如果用的是（a）所示的速度模型，那问题还是出在近地表结构不合理，所以浅层效果不明显，中、深层效果较好。图 12-42 所示为与 Kirchhoff 法偏移结果的对比，可以看出两者差异是相当小的。图 12-43 是层析近地表结构与地下地质体相衔接的速度模型，即深度偏移所用速度模型，最终效果上的问题主要反映在模型上：①与近地表的衔接是个关键，应寻找等速面无缝相接；②起伏地表不是真地表，平滑程度很重要，有平滑就要改变真实的表层结构。当然，也可能是方法上的问题，可参考文献[35]中关于波场位移算子的改进方法，该方法在波场位移算子中加入了动校方程。这样，就实现了先动校、后静校的过程，减少了剩余动校正量对浅层成像的影响，从而实现近地表速度的横向剧烈变化。

图 12-39　起伏地表波动方程叠前深度偏移流程

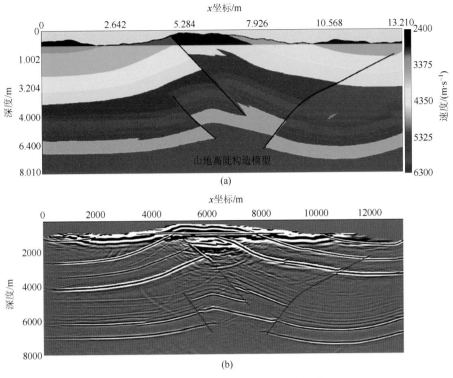

(a)

(b)

图 12-40　起伏地表波动方程深度偏移

（a）速度模型；（b）偏移剖面

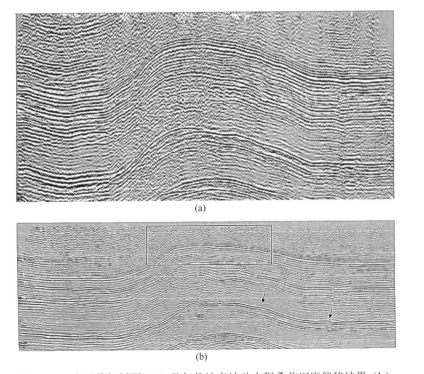

(a)

(b)

图 12-41　水平叠加剖面（a）及起伏地表波动方程叠前深度偏移结果（b）

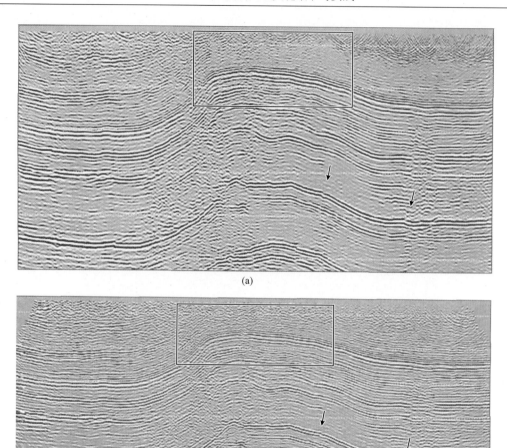

(a)

(b)

图 12-42　起伏地表波动方程叠前深度偏移（a）及 Kirchhoff 叠前深度偏移剖面（b）

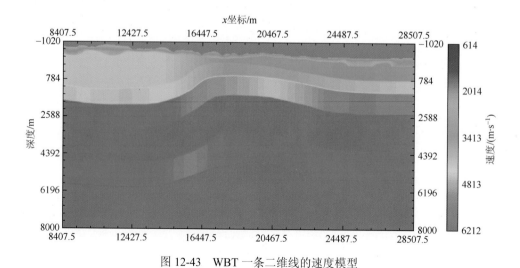

图 12-43　WBT 一条二维线的速度模型

　　另一个方面，一种深度偏移方法还要有井检验其深度误差，所以实验线应该有已知资料井标定：一是可以验证浅层速度用得是否恰当；二是可以验证地层倾角归位的误差大小、断面归位是否合理。

　　这次起伏地表偏移的试验及其结果，是开拓性的工作，具有十分重要的意义。它表明：叠前深度偏移在向正确的方向前进，用时-深转换方法的时代即将结束，完全依靠测井资料决定深度的时代也将会结束。

13   多波勘探技术

所用三分量检波器采集到的地震数据，体现的波场特征一般不具有对称性，特别是转换波（C 波），在传播过程中的射线路径也不具有对称性。不具有对称性的还有在低速带及各向异性介质中传播的横波。基于大偏移距观测系统的多分量采集技术导致多分量地震记录的时距曲线与单一纵波（P 波）的时距曲线不同，它具有非双曲线的特点。所以，它们之间资料处理的方式和方法有所不同。多分量和 C 波的资料处理比单一的 P 波处理难度要大很多。所以在处理多分量和 C 波资料时，首先要考虑 C 波非对称性传播路径的数据怎么处理，其次还要考虑怎么消除地层各向异性对 C 波数据处理的影响，最后要寻求一套适合大偏移距采集的地震资料处理流程。这已经成为多分量油气勘探中的研究热点。

13.1   三维多分量各向异性处理的基本流程

三维多分量各向异性处理的基本流程如图 13-1 所示。

13.2   多分量处理关键技术

（1）坐标旋转——利用 Alford 公式将野外采集到的多分量数据中的 X、Y 分量旋转得到炮-检连线以及切线方向的 R、T 分量。旋转后 R、T 分量见图 13-2。C 波能量与旋转前的记录相比能最大限度的投影到 R 分量上。同时，T 分量在各向异性介质的情况下没有任何有效波的记录，只有分裂的 S 波信息。

（2）叠前去噪——三分量采集技术采集的地震资料能有效记录地层中各质点的振动轨迹，即偏振。与常规去噪方法相比，将地震资料作偏振分析或极化滤波处理，在保持体波有效频率成分的前提下能更加有效地消除面波干扰。利用体波与面波偏振方式的不同偏振滤波，压制低频面波，保持体波有效的低频成分。三分量记录偏振滤波前后效果对比可以看出，面波得到了很好的压制（框内可以看出有效波振幅突出），见图 13-3。

（3）静校正（C 波）——C 波静校正的关键点在于获得浅层 S 波速度，这点与 P 波区别于 P 波静校正。目前，直接获取 S 波速度的方法一般有以下两种方法。

第一种：首先要拾取 S 波折射初至，然后通过反演可以得到浅层或地表 S 波速度，其中 S 波折射初至可以从 P 波分量中拾取。

第二种：可用通过瑞利面波的频散曲线特征对地表及浅层的 S 波速度场进行反演，在此基础上进行 C 波静校正处理。

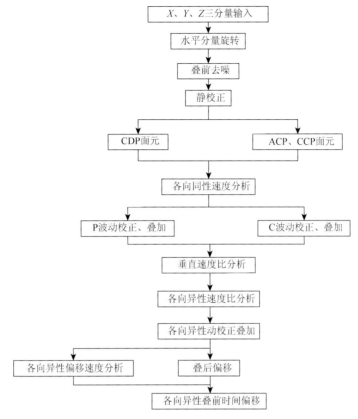

图 13-1 三维多分量地震资料处理基本流程

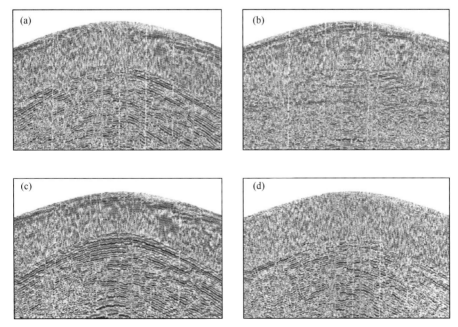

图 13-2 坐标旋转前后的地震记录

（a）旋转前水平 X 分量；（b）旋转前水平 Y 分量；（c）旋转后 R 分量；（d）旋转后 T 分量

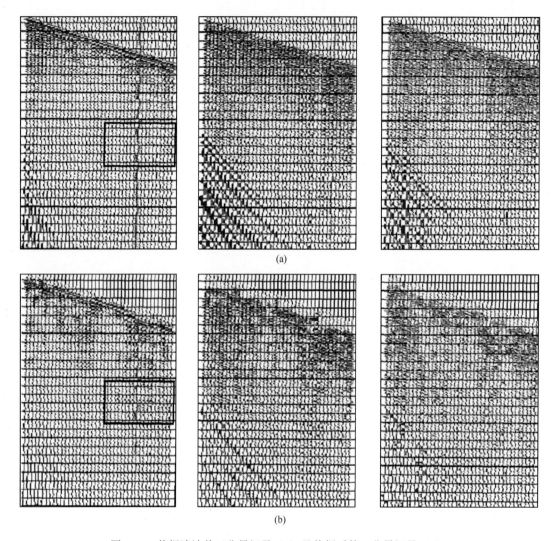

图 13-3　偏振滤波前三分量记录（a）及偏振后的三分量记录（b）

（4）CDP、ACP 或 CCP 面元抽取——在 C 波地震资料的处理过程中，首先要抽出 CCP（共转换点）以及 ACP（共渐近线转换点）面元。P 波速度分析和叠加时基于 CDP 面元实现，而 C 波各向异性的速度分析和叠加则是基于 ACP 面元完成的。

（5）交互分析——确定 P 波与 S 波的垂直速度比。在输入的初叠剖面（P 波、C 波）中综合分析反射波组的波组特征、走时关系以及构造形态的信息，选取具有代表性的标志层位，对同层反射波组进行匹配标定即可确定 P 波、S 波垂直速度比值，具体分析效果见图 13-4。

（6）速度分析——基于各向异性的 C 波速度分析主要集中在叠加速度、有效速度比以及各向异性参数上。

（7）动校正和叠加——基于各向异性的 C 波地震资料动校正的叠加处理的过程中考虑各向异性以及大炮检距对旅行时的影响。

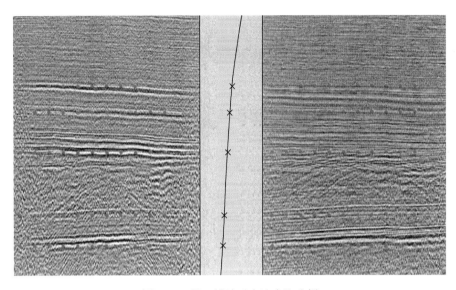

图 13-4 纵、横波垂直速度比分析

（8）叠前偏移速度分析——作 C 波各向异性叠前偏移处理可以采用动校正速度模型作为偏移初始速度模型。在此基础上，用 CIP（共成像点）面元进行反动校正，重复第 6 步，然后根据结果调整速度（在速度谱上进行），从而得到最佳的偏移速度。

（9）叠后偏移处理——C 波叠后偏移处理通常采用等效的处理方法作等效 C 波速度，再通过常规的方法就可以完成。

（10）叠前时间偏移——该处理过程是在此前的基础上完成偏移成像的。

13.3 三维 C 波速度建模

在完成各项异性的速度分析之后，可以在此基础上进行三维的 C 波速度建模。而前文强调了三维 C 波地震资料处理过程中必须考虑大偏移距和各向异性参数的影响。这些影响因素必须在 C 波非双曲线时距公式中有所体现，所以其公式为[214]

$$t_c^2 = t_{co}^2 + \frac{x^2}{v_{cn}^2} - \frac{(\gamma_{iso}-1)}{\gamma_{iso} v_{cn}^2} \cdot \frac{[\gamma_{iso}-1+8_{\chi_{eff}}/(\gamma_{iso}^2-1)]x^4}{4t_{co}^2 v_{cn}^2 + [\gamma_{iso}-1+8_{\chi_{eff}}/(\gamma_{iso}^2-1)]x^2} \tag{13-1}$$

式中：t_c 表示偏移距为 x 处的 C 波旅行时，t_{co} 表示零偏移距处的 C 波双程旅行时；v_{cn} 为 C 波的叠加速度；γ_{iso} 为 P 波和 C 波的有效速度比；x_{eff} 为 C 波的各向异性参数。

对于上式中参数的求取过程，与二维速度分析类似。首先要确定 P 波、S 波的垂直速度比值，然后进行交互分析，见图 13-5，从而选取有效速度比。完成选取有效速度比的作业流程后，拾取能量相干谱上的最大值，在进行其他空间位置有效速度比的拾取时必须遵照其分布的基本规律进行。对于各向异性参数的拾取是在其曲面线上完成的，判断拾取参数是否合理，要通过每次交互分析中 ACP 面元的校正效果完成。在此基础上确定速度场，完成动校正和叠加处理。通过校正和处理的结果好坏，可以评估最终速度场是否合适。

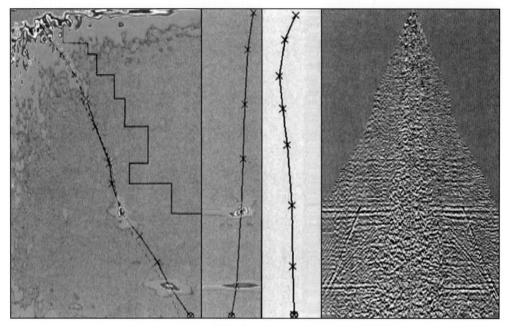

图 13-5　三维转换波各向异性交互叠加速度分析

（a）叠加速度谱；（b）有效速度比谱；（c）各向异性曲线；（d）ACP 面元

13.4　三维 C 波各向异性叠前时间偏移

基于 Kirchhoff 算法的叠前时间偏移技术实际上是波场振幅沿着绕射曲线求取加权和的过程，其表达式为[214]

$$I(\tau,y,h)=\int w(\tau,y,b,h)\frac{\partial}{\partial t}u(\tau,y,b,h)db \tag{13-2}$$

式中，h 为 $\frac{1}{2}$ 炮检距；y 为共中共点坐标；b 为绕射成像点偏离中心点的距离；W 为加权函数；I 为时间工的成像结果；u 为输入的地表波场。

式（13-2）中，下行波与上行波分别为 P 波、S 波时，则该公式为 C 波的绕射偏移公式。对于 C 波各向异性的双平方根公式中的走时 t_c 公式为

$$t_{\mathrm{c}}=\sqrt{\left(\frac{t_{\mathrm{co}}}{1+\gamma_{\mathrm{o}}}\right)^2+\frac{(x+h)^2}{v_{\mathrm{pn}}^2}-2\eta_{\mathrm{eff}}\Delta t_{\mathrm{p}}^2}+\sqrt{\left(\frac{\gamma_{\mathrm{o}}t_{\mathrm{co}}}{1+\gamma_{\mathrm{o}}}\right)^2+\frac{(x-h)^2}{v_{\mathrm{sn}}^2}+2\zeta_{\mathrm{eff}}\Delta t_{\mathrm{s}}^2} \tag{13-3}$$

式中，v_{pn} 和 v_{sn} 分别为 P 波和 S 波的速度；η_{eff} 和 ξ_{eff} 分别为 P 波和 S 波的各向异性参数；将式（13-3）中的 t 用 t_c 替换，就可以得到 C 波各向异性的 Kirchhoff 叠前时间偏移公式。在实际的应用中，引入基于层状介质弯曲射线的思路，可以避免有效信号的损失，具体表达式为[214]

$$t_{\mathrm{ps}}=\sqrt{t_{\mathrm{p4}}^2\left(1+\frac{1}{2}k\frac{c_{\mathrm{4p}}x_{\mathrm{p}}^6}{t_{\mathrm{p4}}^2}\right)^2-2\eta_{\mathrm{eff}}\Delta t_{\mathrm{p}}^2}+\sqrt{t_{\mathrm{s4}}^2\left(1+\frac{1}{2}k\frac{c_{\mathrm{4s}}x_{\mathrm{s}}^6}{t_{\mathrm{s4}}^2}\right)^2+2\zeta_{\mathrm{eff}}\Delta t_{\mathrm{s}}^2} \tag{13-4}$$

其中

$$t_{p4}=\sqrt{C_{1p}+C_{2p}x_p^2+C_{3p}x_p^4}$$
$$t_{s4}=\sqrt{C_{1s}+C_{2s}x_s^2+C_{3s}x_s^4} \tag{13-5}$$

$$\Delta t_p^2=\frac{(x+h)^4}{v_{pn}^2[t_{co}^2 v_{pn}^2/(1+\gamma_o)^2+(1+2\eta_{eff})(x+h)^2]}$$

$$\Delta t_s^2=\frac{(x-h)^4}{v_{sn}^2[t_{co}^2 v_{sn}^2\gamma_o/(1+\gamma_o)^2+(x-h)^2]} \tag{13-6}$$

式中，c_{ip} 和 $c_{is}(i=1,2,3,4)$ 分别为与纵波和横波层速度有关的系数；k 是常数项。

由于根据实际的应用，对式（13-3）进行了适当的修改，因此，通过式（13-3）建立速度模型，再结合公式（13-4）就可以完成三维的 C 波地震资料 Kirchhoff 叠前时间偏移处理。为了获得最佳的偏移效果，可以对常数项 k 作适当的调整。经过上述的处理后效果，明显（红色框内同相轴被拉平），见图 13-6。

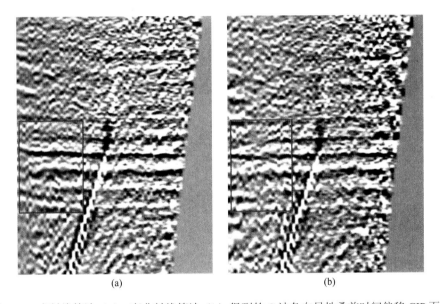

图 13-6　直射线算法（a）、弯曲射线算法（b）得到的 C 波各向异性叠前时间偏移 CIP 面元

13.5　多波勘探实例

2003 年中石油股份有限公司在苏里格地区开展三分量二维和三维多波试验，并根据二维勘探成果在苏 6-16 井区确定了 9 个 I 类含气区，在苏 40-10 井获 $50\times10^4 m^3$ 高产工业气流[214]。

2007 年中石化股份有限公司在川西拗陷新场地区开展了多波多分量试验[215]。主要的工作内容包括以下几点：C 波的正演模拟，P 波及 C 波联合标定，层位对比，匹配处理联合解释以及全波属性研究等。分析研究表明，C 波资料如果处理恰当，可以协同 P 波同步反映地下地质构造的形态，综合应用 C 波与 P 波的资料处理结果，能使预测的储层及裂缝更为精确，储层解释更为准确，效果更好。图 13-7、图 13-8 和图 13-9 为多波勘探综合分析在川西拗陷须家河组深层裂缝检测、含油气识别以及优质储层预测应用效果图。通过层位对比，储层油气显示清晰明显。

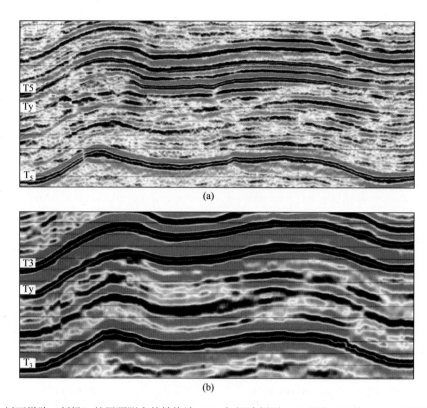

(a)

(b)

图 13-7　川西拗陷（新场）储层预测中的转换波（b）与纵波剖面（a）层位 T51 与 T511 对比解释的结果

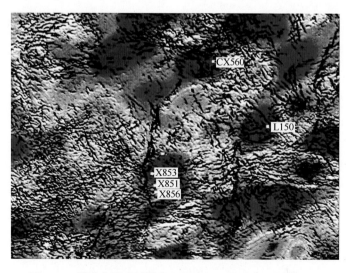

图 13-8　横波分裂时差梯度和纵波相干体融合的平面显示

2008年中石化与英国地质调查局及爱丁堡大学（李向阳）合作，在**沾化凹陷**中部的 K71 井区进行的多波勘探研究取得了比较可喜的效果。图 13-10（a）为 646 线纵波剖面层位解释，（b）为转换波压缩剖面，与纵波剖面时间刻度相对应，可见构造形态合理；图 13-11 为某砂层纵、横波瞬时振幅比，大值区与该套储层的平面分布有较好的一致性，与气井分布有对应关系；图 13-12 为快、慢横波振幅比平面分布，转换横波的分裂分析有助于了解储层的内部结构，分辨水淹区和剩余油区的分布情况（油、气井 80%～90%在大值区，水井 90%在低值区）。

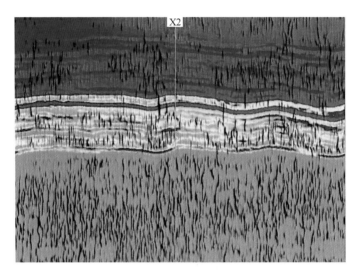

图 13-9　横波阻抗和纵波相干体融合平面显示

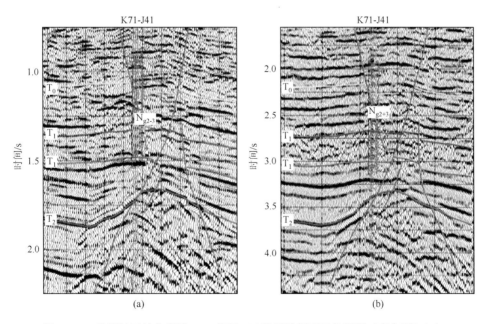

图 13-10　胜利油田沾化凹陷 K71 井区 646 线纵波剖面层位解释（李向阳）（a）
及转换波剖面（b）

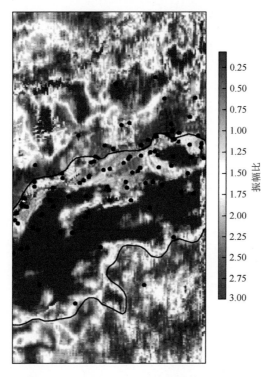

图 13-11　砂层纵波和转换横波瞬时振幅比

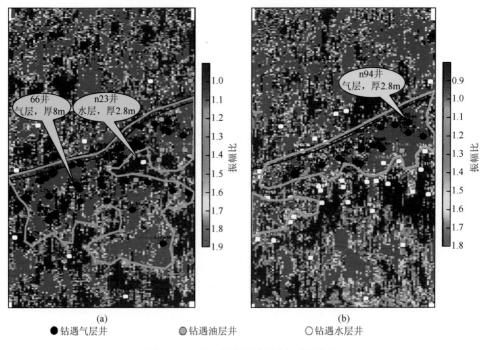

图 13-12　快、慢横波振幅比平面分布

14　井间地震技术

井间采集始于 1983 年，90 年代潮热一时，而我国起步较晚，到 21 世纪初才开始研究。井间资料的分辨率介于声波测井与 VSP 之间，其精度甚至能达到 3m，为精细描述井间地层结构、储层的横向变化及水平井轨迹设计提供了保证，因而成为油田开发的一种有效方法。井间地震资料可以直接提供深度域数据，将地质资料和地面三维及四维高分辨地震预测有效的联系起来。

14.1　井间地震资料处理

图 14-1 为井间地震反射波资料处理流程，其中，**预处理**要点如下[216~219]：

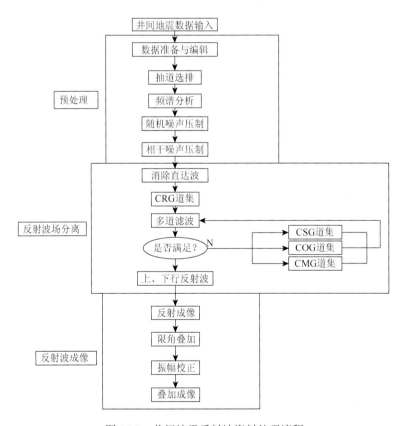

图 14-1　井间地震反射波资料处理流程

（1）空间属性——指数据的排列方式；
（2）数据选排——指抽道集，井间地震的道集是相对于井深而言，地面地震道集是相对水平位置而言。图 14-2 给出了 4 种道集的形式：共接收点、共炮点、共偏移距和共中心点。

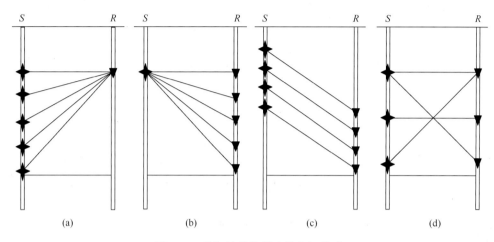

图 14-2　井间地震数据选排空间关系

（a）共接收点；（b）共激发点；（c）共偏移距；（d）共中心点道集

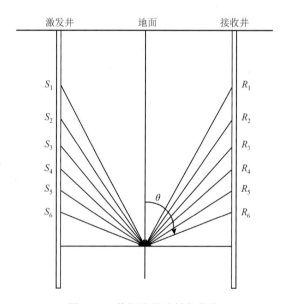

图 14-3　井间地震反射角变化

（3）频谱分析与去噪的方式和地面地震是一样的。

反射波场分离和成像要点：

（1）将井间地震观测视为多个有偏 VSP，故主要借鉴 VSP 中的波场分离与成像技术；

（2）由于反射波场太弱，在分离前首先用一套常规技术改善资料品质；

（3）分离一次反射波要用多域多道滤波技术；

（4）井间波场中直达波，即初至是直接可分辨的最可靠信号，直达波可作为检验井间反射成像的重要依据；

（5）在进行碎屑岩沉积地层反射成像时，要考虑改地层的各向异性，这是由井间反射波的反射角过大的特征决定的；

（6）由图14-3可知，反射角变化范围大，故分步限角叠加是解决波形变化大的缺陷的有效办法。图14-4是限角叠加的连井剖面。

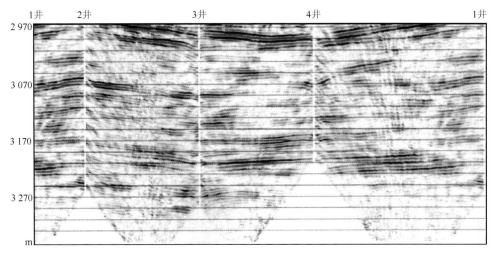

图 14-4　某地井间地震限角叠加连井剖面

14.2　层析成像技术

层析成像技术（也叫井间地震CT技术）作为地震勘探中的一种新技术被广泛应用于提高岩体岩性分布的高分辨成像，其起源于医学中的CT技术，基于Radon变换，具体方法如下[220, 221]：

（1）直达P波的拾取——可以从野外采集的地震数据中获得；

（2）初始速度模型的建立——通过初始走时自动生成；

（3）射线追踪——涉及到理论走时的计算、雅可比矩阵的建立以及多数地震波的数值模拟方法；

（4）残差的计算——基于残差最小原则，确定速度扰动量；

（5）速度模型的修改；

（6）调整参数，重复以上步骤以达到效果最佳。

层析成像技术的要点可归结为：①采用矩形网格，网格内速度为常量；②用最短路径树（SPT）射线追踪法，其精度取决于节点数，其走时为全局最小；③对于复杂构造，必须精细剖分；④同时处理所有射线，计算所有射线的慢度修正量，将同一网格内的量求和平均，进行光滑。

层析反演结合声波测井进行综合研究，可以达到良好的效果，见图14-5。层析反演的速度与声波测井的速度十分匹配，而经过声波测井的速度标定后，多井层析剖面不闭合的情况得到改善。

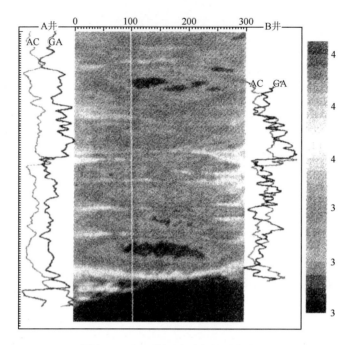

图 14-5　实际井间地震资料反演结果

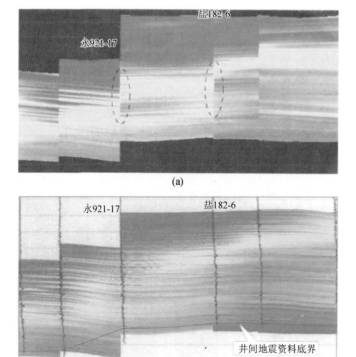

图 14-6　层析速度剖面（a）为胜利盐家地区 5 条井声波速度模型（b）

14.3 井间地震勘探实例

胜利油田——图 14-7 为河口罗家地区罗 151-11 井～罗 151-1 井井间资料综合显示剖面，该图正中剖面为变密度显示的井间地震成像剖面，其两边为测井曲线及合成地震记录与剖面之间的标定情况。图 14-8 为罗 151 井井间资料的振幅谱，其频率可超 300Hz，足见井间资料的优势[222]。

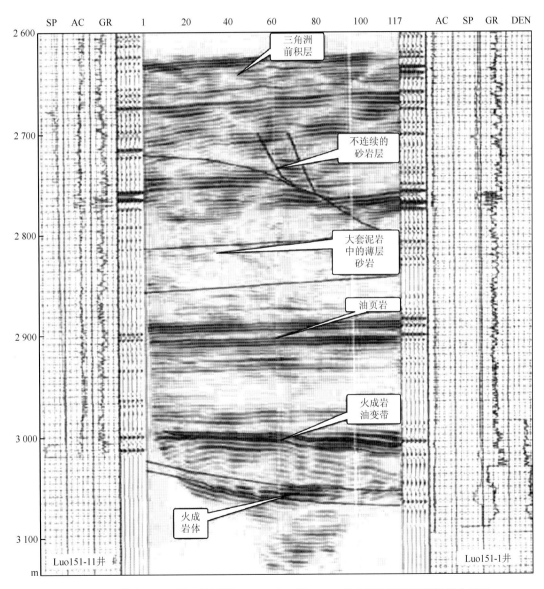

图 14-7　胜利油田河口罗家地区罗 151-11 井～罗 151-1 井井间地球物理资料综合显示

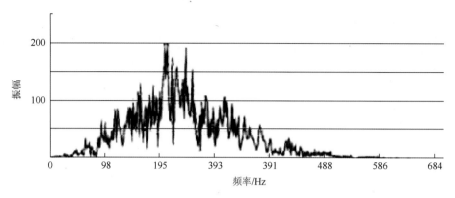

图 14-8　罗 151 井地区井间地震资料的振幅谱

塔里木盆地某油田——该研究区域产油特征以黏度高、埋藏深为主；该研究区的构造以次一级小断层发育为主，而且复杂。作为储层的砂体，不仅物性差，而且横向不连续、非均质性严重，从而导致开采十分困难。为了解决以上难题而进行井间高分辨率地震，精细刻画了井间地层纵、横波发育情况，如 YX1～YX103 剖面，其井间门槛小于 20% 泥质含量，见图 14-9。三维地震资料上难以分辨的丘状沉积体通过井间地震勘探技术取得了很好的效果。特别经 YX1-23 钻井证实：通过井间地震预测有利层位，并见到油层，而且确定了相对应的储层（图 14-10）。该方法对油田地质模型的精细刻画、重新认识油田地下地层构造效果显著，能够有效指导油气田的生产与开发[218]。

图 14-11 为地面与井中剖面相似性对比，可以看到二者的分辨率差异很大，几乎无法相比较。图 14-12 为各剖面相互标定，可以看出用井间地震道反演的岩性剖面与井间井旁道对应关系细微、紧密，地面井旁道只是一个大概的形象，而井间地震道则能对储层进行更详细地描述。由此可见，井间地震资料与地面资料的标定是一项重要而细致的工作。

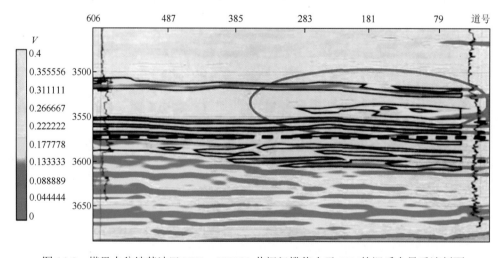

图 14-9　塔里木盆地某油田 YX1～YX103 井间门槛值小于 20% 的泥质含量反演剖面

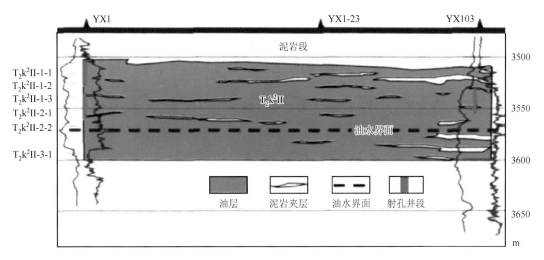

图 14-10 YX1～YX103 井间地震油藏剖面

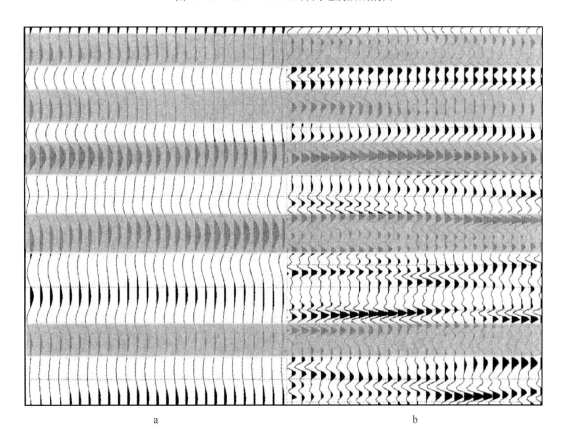

图 14-11 地震剖面

（a）地面地震剖面；（b）井间地震剖面

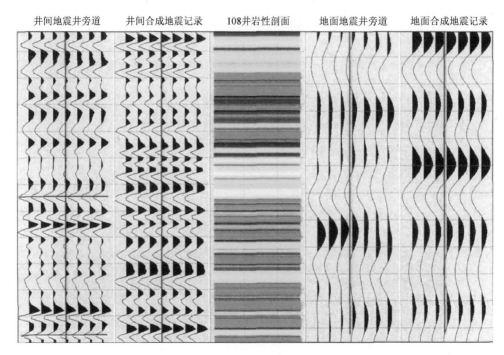

| 井间地震井旁道 | 井间合成地震记录 | 108井岩性剖面 | 地面地震井旁道 | 地面合成地震记录 |

图 14-12　井间地震井旁道标定与地面地震井旁道标定的匹配对比

14.4　激发井、接收井互换的井中地震观测法

图 14-13 为激发井、接收井互换反射波观测示意图。其明显的优点如下所述[223,334]。

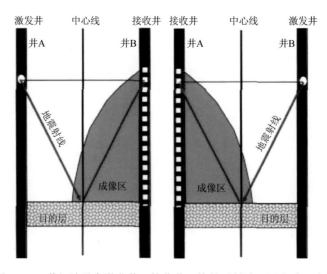

图 14-13　井间地震中激发井、接收井互换的反射波观测方法示意图

（1）在采集井间反射资料的同时，还能进行直达波初至的速度成像。结合 VSP 以及地面地震资料综合研究能取得更好的效果。

（2）由于没有目的层段井况条件限制，相比于常规的方法而言，该技术适用性更强，更容易推广。

（3）可以解决各种各样的难题。例如精细刻画薄储层及碎屑岩的物性，特别是连通性；避免层析成像因要采集巨大的数据而产生的高成本；避免因反射波入射角过大而引起成像分辨率降低以及反射波在超临界面的缺失；定量去解释地震资料的振幅属性；兼顾目标层、有限井段层析与反射波成像；解决因套管畸变造成激发接收不易到位以及目标位于井底之下造成直达波信息缺失等问题。

图 14-14 是井间地面地震剖面（a）与井间地震反射成像剖面（b）的对比，井间反射剖面的纵、横向分辨率、信噪比、清晰度、连通性、层次的丰富性都远好于地面剖面。

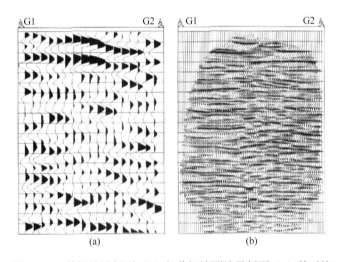

图 14-14　井间地震剖面（b）与井间地面地震剖面（a）的对比

15 地震信号处理技术

15.1 基于时频重排的地震信号 Wigner-Ville 分布时频分析

时频分析应用广泛，地震信号处理过程中的滤波、能量补偿以及地层沉积旋回、变化、储层流体等方面的研究都可以采用时频分析技术。最常用的时频分析方法有 WVD（Wigner-Ville 分布）函数、短时傅里叶变换、Gabor（伽柏）变换等方法。Wigner-Ville 分布是一种最基本、局域性最好、分辨率最高、应用最多的时频分布。它是一种双线性变换（时间和频率），而且可通过时间和频率的函数表示能量的变化。Wigner-Ville 分布具有实值性（即便信号为复数，WVD 也是实值的）、时频边缘特性、能量守恒时移和频移不变性、时频伸缩相似性等许多优良特性。局部能量聚集性在信噪比较低时会变差，从而造成 WVD 时频局域性变差。基于区域能量重心对能量平均值进行二次分配的信号时频重排处理，可增加 WVD 时频分布的可读性。为了提高信号分量的时频集聚性，在抑制 WVD 交叉项的前提下对地震信号进行时频重排算法的 RSPWVD（平滑伪 Wigner-Ville 分布）处理。

下面通过实例[226]来阐述该时频分析方法的应用效果。

（1）川西拗陷须家河组气藏属深层陆相致密碎屑岩气藏——图 15-1 为 PP 波过井地震剖面，须二段目的层在 2.3～2.4s，3 口井在目的层均获工业气流。

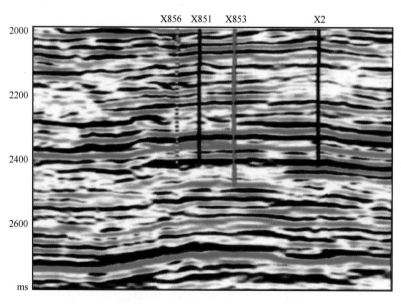

图 15-1　川西拗陷须家河组 PP 波过井地震剖面目的层

图 15-2 为 4 种时频分析法在 20Hz 的频率切片对比，图中只有 RSPWVD 法呈现出较好的时频分辨率；在 X2 井目的层段分辨率很高，与实际钻遇资料相吻合。

（2）RSPWVD 时频分析技术在黄骅拗陷辉绿岩-变质岩油藏沿层属性分析中的应用——具体的应用表明，RSPWVD 时频分析技术与 WVD 技术相比，更加适用于地震信号时频分析，能提供更高的分辨率以及时频聚集性，而且还能为下一步勘探工作，特别是储层圈定及预测提供更准确的信息。图 15-3（a）显示了剖面侵入岩的穿层现象；图 15-3（b）中显示的均方根振幅属性清晰明显。图 15-3（c）是利用 RSPWVD 技术于 Ed_3 层位作 20Hz 频率切片的能量分布图，表明该方法能够很好的区分侵入岩及其接触变质带的油藏分界面。同时，高能区在形态分布上与油藏顶部等 t_0 图相似，相似性表明 RSPWVD 技术在水平方向上也能提高能量集聚性及时频分辨率。

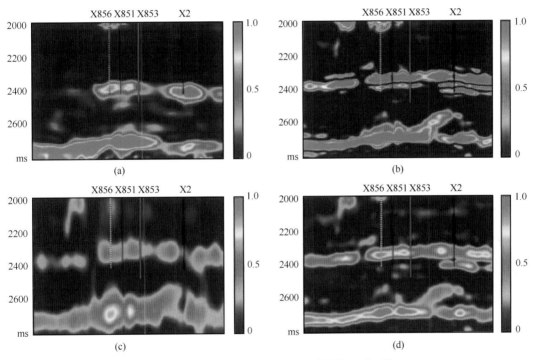

图 15-2　各种时频分析法在 20Hz 的频率切片对比

（a）SPWVD；（b）RSPWVD；（c）短时付氏变换；（d）小波变换

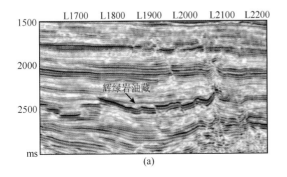

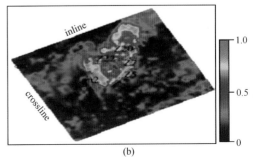

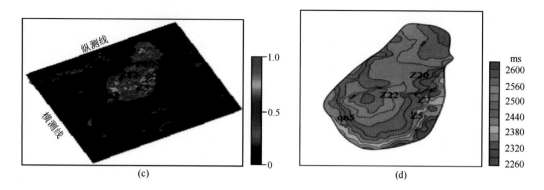

图 15-3　黄骅拗陷侵入岩及其变质带油藏岩层属性及规模

（a）T2020 线 Ed_3 侵入辉绿岩及其变质带油藏；（b）Ed_3 层位均方根振幅属性；（c）Ed_3 层位
RSPWVD 20Hz 频率切片的能量分布；（d）Ed_3 侵入岩油藏顶面等 t_0 构造图

　　RSPWVD 时频分析方法在抑制交叉项的同时将能量的平均值按照区域能量的重心进行重新分配，以此来减少信号分量的分散，提高时频集聚性。理论模型和实际资料应用都表明 RSPWVD 具有更高的时频集聚性和分辨率，适合于地震信号的时频分析，为储层的圈定和预测提供更准确的信息。

15.2　小波包变换

　　小波变换最先由法国工程师 Morlet J 于 1974 年提出，用于地震信号的处理，随后在其理论的发展以及实际应用中被推广到其他的各个领域。小波变换有其自身的优点，同时还继承和发展了短时傅氏变换局部变化的思想。它具有许多优良的特性，例如良好的局部特性能突出信号某些方面的特征。然而小波分析对信号低频部分的分辨率较差。为了克服小波变换这一缺点，小波变换包思路出现，它能对信号的全频段作细致的分辨，是进行地震信号时频分析及处理的理想工具。近年来，国内学者对小波包也作了许多相关的研究，如小波包空间域、节点域以及基于空间域节点扫描的高阶相关去噪等。

15.2.1　小波包变换与小波变换

　　（1）小波定义[226,227]

$$\mu_0(x) = \sqrt{2} \sum_{n \in z} h(n) \mu_0(2x - n) = \varphi(x)$$

$$\mu_1(x) = \sqrt{2} \sum_{n \in z} g(n) \mu_0(2x - n) = \psi(x) \tag{15-1}$$

式中，$\varphi(x)$ 为尺度函数；$\psi(x)$ 为小波函数。

（2）小波包定义

$$\mu_{2k}(x) = \sqrt{2}\sum_{n\in z}h(n)\mu_k(2x-n)$$

$$\mu_{2k+1}(x) = \sqrt{2}\sum_{n\in z}g(n)\mu_k(2x-n) \qquad (15\text{-}2)$$

当式中 $k=0$ 时，则式（15-2）与式（15-1）完全一致，可见小波包是小波概念的推广。

15.2.2 关于"基函数"

与小波变换不同，小波包变换存在小波包基的选取问题。小波变换是相应的母函数经平移伸缩构成自身固定的小波基，而小波包基要从多个小波母函数经过平移伸缩构成的小波库中进行选取，图 15-4 为小波包分解树。

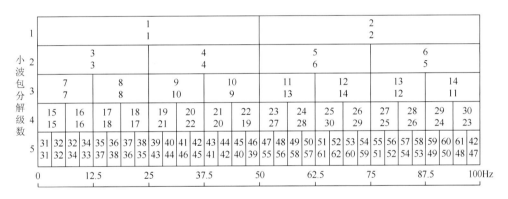

图 15-4 小波包分解树的节点顺序与其对应的频段顺序关系

15.2.3 时频分辨能力

小波变换对信号的低频部分能够进一步的分解，对信号低频部分的任何细节都能很好的表征。但对于高频段、特高频段比较窄的频段内信号的局部观测无能为力。而小波包通过对信号的分解与重构，能对信号的全频段进行观测。对信号的时频分析能全频段聚焦于任何细节，有效提高信号时间域或频率域的分辨率。因此，从时频分辨能力来讲，小波包变换远远高于小波变换（图 15-5）。地震波高频有效信息提取的实际应用，小波包的效果远大于傅氏变换和小波变换[227]。

15.2.4 小波包分解树的节点与对应频段关系

小波变换、小波包变换都通过二级法对地震信号（根节点）逐级分解，与小波变换中忽视细节只作近似部分的分解不同，小波包变换对细节部分都进行了逐级分解，所以小波变换节点顺序和对应的频段顺序一致，而小波包变换恰好相反。这种非一致性从第二级就会产生，是由小波包变换自身的特性所决定的。不同于傅里叶变换用连续谱来描述地震信号，小波包变换用不连续的频段对地震信号进行描述，这与地震信号真实情况很贴近。小波包的连续表现为以第二级节点顺序对应的频段顺序为母函数级逐级向下遗传，见图15-4。

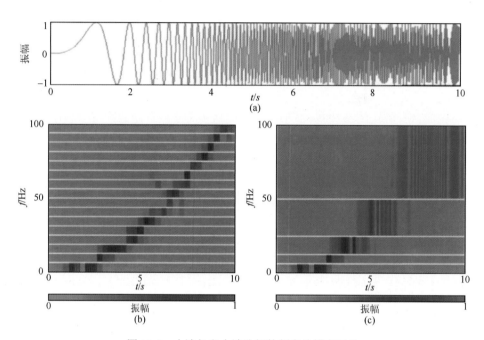

图 15-5　小波包和小波分解的频率分辨率对比

（a）原始信号；（b）小波包第四级分解结果；（c）小波四级分解结果

15.2.5　应用效果

图 15-6（a）采用巴特沃思滤波器傅氏变换分不开有效信息（87.5～100Hz），当炮检距大于30km时，记录为一片噪声，如图15-6（a）所示，图（b）为图（a）用小波包变换加倾角扫描高阶相关、修正相位道分出的有效信息，在一片噪声中检测出了来自莫霍间断面反射波（在右端5～10s深层）和沿地面传播的直达波、面波（0～80km处）；图15-7（b）是用小波尺度域和空间域高阶相关法从图（a）中10s的莫氏面记录中分解出的有效信息，0～80km来自结晶基底90Hz的折射波信息和莫氏面的断面波有效反射信息。图15-8（b）是使用小波包线性相位对称性的双正交样条小波4级剖面，它是经相邻频段小波包系数归一化、高阶相关、倾角扫描高阶相关、求最大相关系数进行重建后的小波包节点域、空间域高阶相关去噪地震记录剖面，与图 15-7（b）相比，成像质量明显更进了一步。图 15-9 为2004年处理的实际地震炮记录，图15-10是用小波包变换去噪后的炮记录，图15-11 为所去噪声，噪声中没有有效波的影子，说明小波包的去噪效果很好。

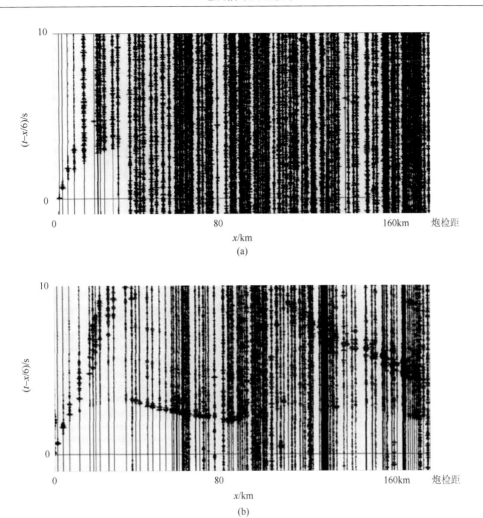

图 15-6 （a）傅氏法；（b）小波包变换

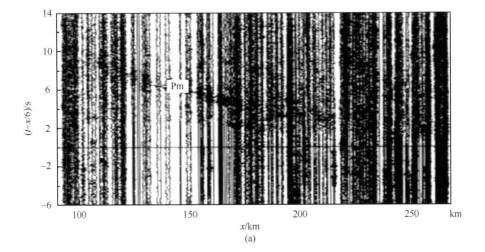

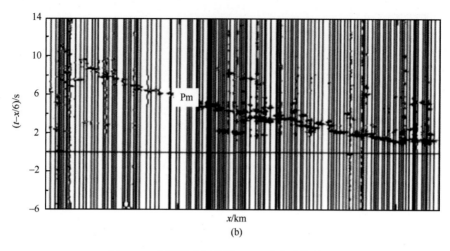

(b)

图 15-7 含强噪声记录道（a）及去噪结果（b）

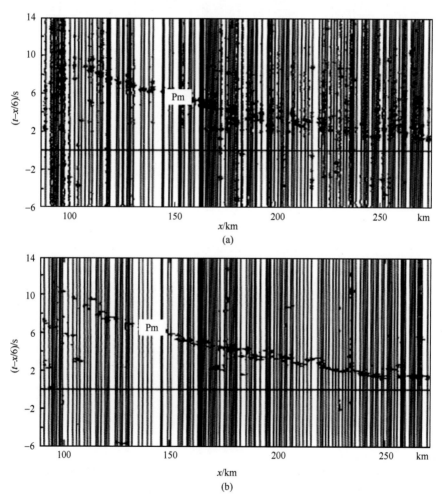

图 15-8 常规小波包节点域二阶相关去噪方法的结果（a）及使用线性相位对称性的双正交样条小波包 4 级剖面（b）[227]

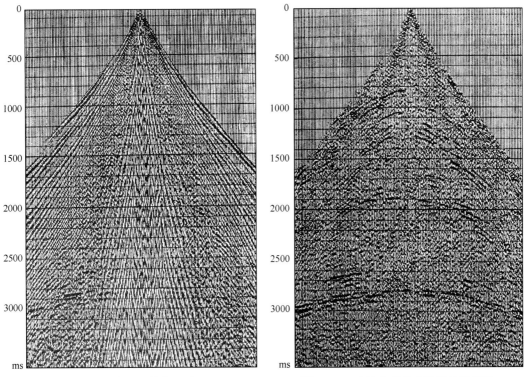

图 15-9　某地区的炮记录　　　　　　图 15-10　小波包变换去噪后的炮记录

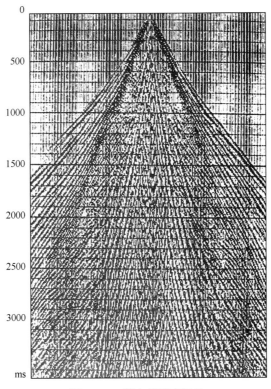

图 15-11　所去的噪声记录

近年来不少人[228~231]还在研究用频率-波数域去噪（图 15-12），正交多项式高精度零偏移距地震道或二阶拟合（图 15-13），FIR 和 PWVD 串联（图 15-14），Ridgelet（脊子波，图 15-15）、Curvelet（曲子波，图 15-16）以及经验模式分解（EMD）等之类的方法，设法进一步去除随机噪声。

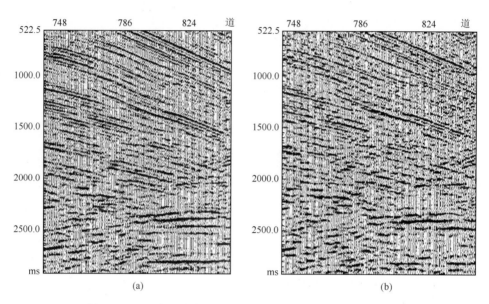

(a) 　　　　　　　　　　　　　　(b)

图 15-12　M 油田原始记录（a）及频率-波数域去噪效果（b）

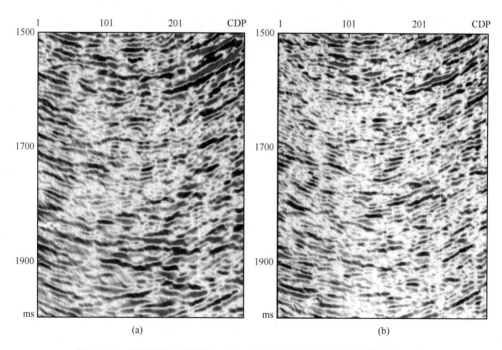

(a) 　　　　　　　　　　　　　　(b)

图 15-13　零偏移距二阶拟合（a）及正交多项式高精度去噪结果（b）

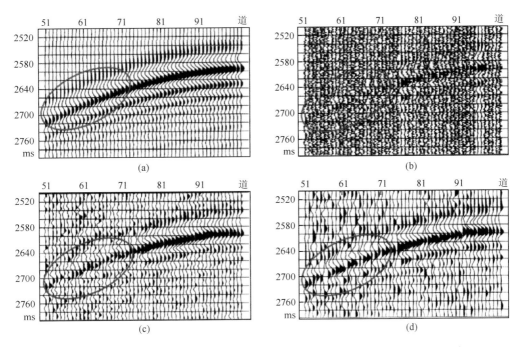

图 15-14 理论记录（a），加噪结果（b），*f-x* 反褶积（c），FIR 和 PWVD 串联去噪法（d）

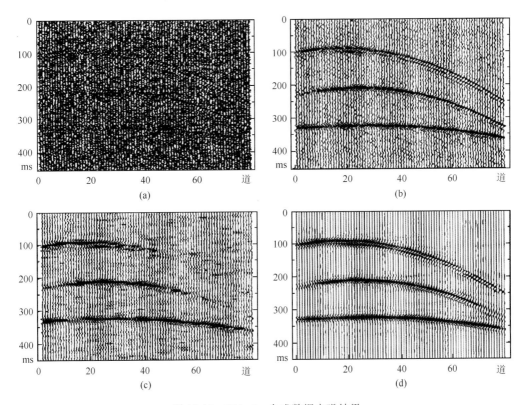

图 15-15 Ridgelet 合成数据去噪结果

（a）原始信号；（b）FK 去噪；（c）小波去噪；（d）Curvelet 结果

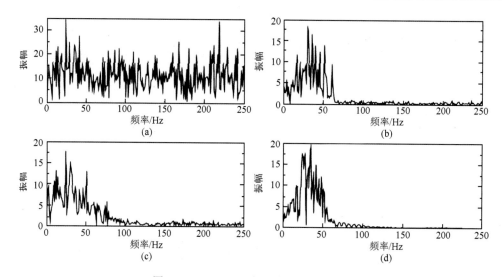

图 15-16　Curvelet 去噪结果的频谱分析

（a）原始信号；（b）FK 结果；（c）小波结果；（d）Curvelet 结果

　　小波包域更有效的去噪技术正在悄然兴起，并已经向传统理论发起了挑战。

　　小波包处理域的进一步发展，有可能颠覆 S/N=1 的一系列重要论断。这是一种新兴的去噪理念，现刚刚起步，但愿它能够快速发展。

　　下面介绍南海东沙海域水合物（BSR）分布情况[229]。

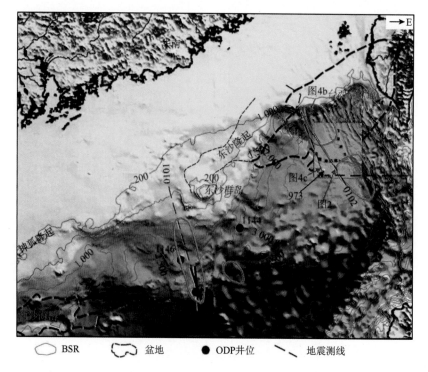

图 15-17　南海北部陆坡地区地震测线及海底水合物（BSR）分布

研究区域位于北东大陆边缘地带，该区域大部分形成于中生代末期到新生代早期。神弧运动、珠琼运动及南海运动在该区造就了一系列张性断裂，大部分断裂呈北东向，由于后期的地质构造运动，该区由裂陷期转变到拗陷期，形成受控于北东断裂的地堑、半地堑。始新世期到中新世期早、中期，该区向陆坡形态过渡（热沉降作用），陆缘逐步沉于水下。由于海平面的上升，该区形成了即有海相沉积，又有陆缘沉积，具有两者交互的特点。该区的烃源岩基本由这两种沉积形成。综合分析 BSR、地貌、地质构造之间的相对位置，我们识别的 BSR 主要与底辟构造、水道及活动断裂有关。除了部分与地层斜交外，大部分 BSR 近似平行于海底。

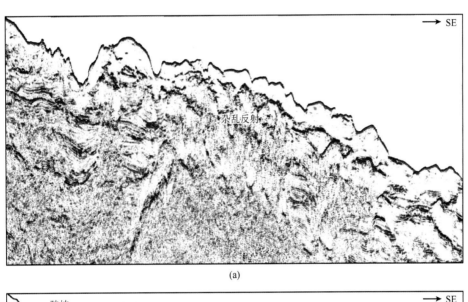

(a)

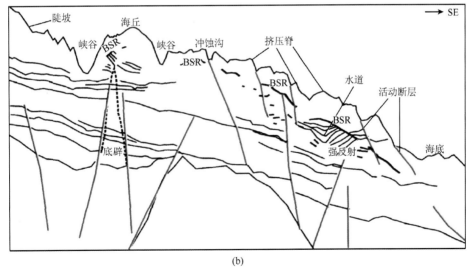

(b)

图 15-18 0102 线部分地震剖面（a）和解释结果（b）

通过地震资料分析，台西南盆地的 BSR 主要集中在台湾峡谷与彭湖峡谷交汇处。海底滑坡从陆坡带来大量的沉积物于深海形成大量的滑坡鼓丘（也称挤压脊）。不同的地质条件下，BSR 在地震剖面上的几何形态和内部特征有所不同，见图 15-19。在滑坡鼓丘附近，由于底辟构造的原因，形成稳定的水合物带，形成了强 BSR，所以在地震剖面上表现出强振幅。在古水道沉积体上，水道是烃类聚集的有利场所，含有机质丰富，故形成了强振幅连续好的地震响应特点。

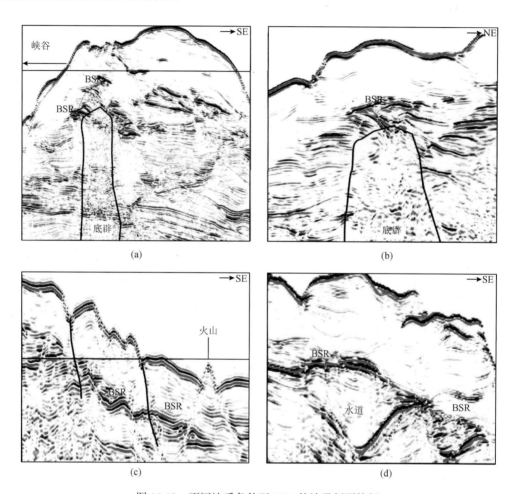

图 15-19　不同地质条件下 BSR 的地震剖面特征

（a）底辟和峡谷区；（b）挤压脊区；（c）活动断层区；（d）古水道区

结　　论

复杂地区地震资料处理是一项系统工程，静校正问题、低信噪比问题、成像问题都是资料处理的重要研究课题。经过近几十年的科研攻关，已经初步形成了一套解决上述问题的配套技术，主要包括以下几方面。

（1）配套的静校正技术。解决复杂地区的静校正问题要走野外与室内相结合的思路，由小静校正量到大静校正量逐步解决。

野外通过精细的表层调查建立一个基本正确的表层模型，对低降速带变化的影响进行校正；也可以通过室内初至拾取，利用初至层析反演近地表结构，通过近地表结构和初至解决其长、短波长静值。最后通过多域迭代的自动剩余静校正技术和速度分析与其形成的多次迭代解决剩余的静校正量问题，进一步改善成像质量。

（2）多域迭代去噪技术。地震数据在采集的过程中，由于近地表条件复杂以及采集过程中各种因素的影响，造成地震记录中存在各种规则和随机干扰。这些干扰不仅降低地震记录的信噪比，特别是在地下有效信息弱的区域，还影响后期的数据处理，严重影响地震剖面的质量。基于先去规则、后去随机，先去强干扰、后去弱干扰的原则，具体噪声具体分析后采用具体的去噪技术，进行多域迭代去噪，特别是叠前去噪技术与其他去噪技术进行综合分析研究，逐步构建了一套压制面波、线性波以及随机噪声等多步多域迭代去噪技术。同时，小波包去噪技术新理念有助于地震资料质量的进一步提高。

（3）地表一致性处理。复杂的近地表结构使不同的激发、接收条件导致原始数据在子波波形、频率、能量等方面存在差异。近地表条件变化，会影响反射信号，使之不能真实地反映地下地质信息变化。通过地表一致性的处理能够有效地消除该变化引起的差异。地表一致性处理技术包括地表一致性反褶积、地表一致性振幅补偿、地表一致性相位补偿、地表一致性异常振幅压制、地表一致性剩余静校正等处理技术。

（4）复杂的反射波成像。在地层陡峭、基岩出露、风化严重的山区，地震波场十分复杂。时间域资料处理中除了有准确的长、短波长静校正量之外，还需要精细的速度分析技术（高阶动校正、视各向异性动校正、真地表动校正等），并优选地震排列的炮检距范围，使有效信息同相叠加，改善剖面的成像品质。近年来发展起来的共反射面叠加技术，增加了用于叠加的反射信息，为改善资料的信噪比，特别是深层资料的信噪比，提供了一种新手段。而真地表动校叠加技术，则严格地遵循了地震波的反射规律，彻底消除了剩余动校正量的影响，使静校正量更加地表一致性化，大大改善了浅、中层资料成像品质。一个好的水平叠加剖面能为解释人员敞开一扇地质信息大门，也是随后所有正反演方法的基准点（当然还有井资料）。

（5）井间技术的快速发展，使所提供的超高分辨率剖面成为精细油藏描述的重要支撑线。

（6）3.5D 地震资料处理解释技术的成功开展，绕过了 4D 地震一系列复杂难题，使地震、地质、测井和油藏开发之间具有更高的一体化观念。

（7）采用时间域处理技术时，通常假定地下地层为水平层状均匀介质，而对于复杂的高陡地区来讲，这种假设不能成立。为了解决复杂地区成像问题，可以将地震资料在深度域进行处理。近几年来叠前深度偏移所要求的**速度建模技术**快速发展，为各种深度偏移方法提供了交互的平台和重要的正反演相结合的理念。和国外相比，不少前沿技术我们还有差距，但类似频率-波数域的波动方程基准面校正、起伏地表下的叠前深度偏移实验以及上述 3.5D 地震、真地表动校叠加等技术的应用研究不乏具有超前精神。

参 考 文 献

[1] 胡英，张研，徐右平等. 改进陆上地震资料处理质量的监控方法. 石油地球物理勘探，2006，41（6）：676-680.

[2] 土进海，唐怡，朱敏等. 复杂近地表结构的再认识. 天然气工业，2009，29（11）：30-33.

[3] 林伯香，孙晶梅，徐颖等，几种常用静校正方法的讨论. 石油物探，2006，45（4）：367-372.

[4] 潘宏勋，方伍宝，武永山等，改进的相对折射静校正方法. 石油物探，2003，42（2）：208-211.

[5] 刘志成. 初至智能拾取技术. 石油物探，2007，46（5）：521-530.

[6] 银燕慧. 黄土塬山地地震资料处理方法研究. 中国地质大学（北京）硕士论文，2006.

[7] 王建新. 稀疏三维生产资料的预处理方法研究. 西安石油大学硕士论文，2011.

[8] Palmer D. The generalized reciprocal method of seismic refraction interpretation. 1980, 50th Ann. Int. SEG Mtg.

[9] Palmer D. An introduction to the generalized reciprocal method of seismic refraction interpretation. Geophysics，1981，46（11）：1508-1518.

[10] Palmer D. Handbook of geophysical Exploration. 1986，Vol. 13：Refraction Seismic，London：Geophysical Press.

[11] 苑益军. 复杂地表地区静校正技术应用研究. 中国地质大学（北京）硕士论文，2002.

[12] 侯建全，王建立，孟小红. 适合于复杂地表条件下静校正处理技术. 物探与化探，2002，26（4）：307-311.

[13] 王世青. 松辽盆地岩性油气藏相对振幅保持处理关键技术研究. 中国地质大学（北京）博士论文，2008.

[14] 袁晓宇. 先验信息约束静校正技术研究及实例应用探索. 成都理工大学硕士论文，2010.

[15] 刘洪雷. 复杂地区的折射波静校正应用研究. 中国地质大学（北京）硕士论文，2006.

[16] 刘得仁. 松辽盆地朝阳沟地区深层地震成像技术研究. 大庆石油学院硕士论文，2009.

[17] 李春红. 徐家围子地区深层火成岩目标处理技术研究. 大庆石油学院硕士论文，2008.

[18] 杨兰锁. 表层不均匀性射线静校正技术. 吉林大学博士论文，2007.

[19] 杨文军，段云卿，姜伟才等. 层析反演静校正. 物探与化探，2005，29（1）：41-43.

[20] 杨为民，张云岗，刘原英. 层析静校正技术在山地复杂地区三维地震勘探中的应用. 中国煤田地质，2007,19(2)：63-65.

[21] 戴云，张建中. 长波长静校正问题的一种解决方法. 石油地球物理勘探，2000，35（3）：315-325.

[22] 李福中，邢国栋，白旭明等. 初至波层析反演静校正方法研究. 石油地球物理勘探，2000，35（6）：710-718.

[23] 冯泽元，李培明，唐海忠等. 利用层析反演技术解决山地复杂区静校正问题. 石油物探，2005，44（3）：284-287.

[24] 薛为平，宋阳，刘居文等. 准噶尔盆地石南地区静校正方法应用研究. 石油物探，2006，46（6）：615-618.

[25] 车建英，张伟. 初至折射波静校正技术在复杂探区地震数据处理中的应用. 中国煤田地质，2006，18（1）：54-56.

[26] 王红旗，曲寿利，宁俊瑞等. 层析反演静校正方法在西部复杂地区的应用. 天然气地球科学，2009，20（2）：258-262.

[27] 刘清林. 程函方程差分法层析成像. 石油物探，1995，34（4）：14-26.

[28] 林伯香，孙晶梅，刘清林. 层析成像低速带速度反演和静校正方法. 石油物探，2002，41（2）：136-140.

[29] 冯世民. 层析静校正在三维地震资料再处理中的应用及效果. 地球物理学进展，2012，27（3）：1234-1241.

[30] 王建斌. 柴窝堡二维地震资料目标处理方法研究应用. 江汉石油职工大学学报，2012，25（1）：7-9.

[31] 郑鸿明，薛为平，刘宜文等. 地震资料连片静校正方法的实现方法. 物探化探计算技术，2012，34（3）：278-282.

[32] 陈娟，胡剑，王永刚等. 鄂尔多斯盆地黄土塬区地震资料处理方法及应用. 石油天然气学报，2012，34（5）：65-68.

[33] 李敏杰，刘玉增，孟祥顺. 陕北富县黄土塬区三维地震资料处理技术. 石油物探，2012，51（3）：285-291.

[34] 蔡杰雄，杨锴. TDO 基准面校正方法研究与应用. 石油地球物理勘探，2008，43（4）：397-400.

[35] 刘素芹，何潮观，仝兆岐. 在频率-波数域实现波动方程基准面校正. 石油地球物理勘探，2009，44（1）：49-52.

[36] 李晓莉. 提高地震资料高频段信噪比及拓展有效频宽方法研究. 东北石油大学硕士论文，2011.

[37] 王守东. 复杂地表波动方程反演延拓静校正. 石油地球物理勘探，2005，40（1）：31-34.

[38] 刘素芹. 基于应用网格环境的复杂地表波动方程基准面静校正研究. 中国石油大学博士论文，2008.

[39] Wiggins R A，Larner K L，Wisecup R D. Residual Statics Analysis as a General Linear Inverse Problem. Geophysics，1976，41（5）：922-938.

[40] 于玲. 高分辨率水平叠加方法研究. 大庆石油学院硕士论文，2007.

[41] 覃天. 共反射面叠加及其波场属性在地震资料处理中的应用研究. 中国地质大学（北京）博士论文，2007.

[42] 刘鹏程. 大剩余静校正量的自动求取. 石油地球物理勘探，1996，（S1）：93-97.

[43] 井西利，杨长春，李幼铭等. 地震静校正全局最优化问题的求解. 地球物理学报，2002，45（5）：708-713.

[44] 何鑫，李苏光，李晓英. 模拟退火法剩余静校正在山地资料处理中的应用. 油气地球物理，2012，（2）：64-68.

[45] Rothman D H. Nonlinear Inversion, Statistical Mechanics, and Residual Statics Estimation. Geophysics, 1985, 50（12）: 2784-2796.

[46] Wilson W G, Vasudevan K. Application of the genetic algorithm to residual statics estimation. Geophysical Research Letters, 1991, 18（12）: 2181-2184.

[47] E. NØRMARK. Residual Statics Estimation by Stack-power Maximization in the Frequency Domain. Geophysical Prospecting, 1993, 41（5）, 551-563.

[48] 寻浩，李志明. 非线性反演方法在剩余静校正中的应用. 石油地球物理勘探，1992，27（4）：464-473.

[49] 唐建侯，张金山. 高效模拟退火剩余静校正. 石油地球物理勘探，1994，29（3）：382-387.

[50] Wilson W G, Laidlaw W G, Vasudevan K. Residual statics estimation using the genetic algorithm. Geophysics, 1994, 59（5）: 766-774.

[51] 尹成，周熙襄，钟本善等. 一种改进的遗传算法及其在剩余静校正中的应用. 石油地球物理勘探，1997，32（4）：486-491.

[52] Press W H, Teukolsky S A, Flannery B P, et al. Numerical Recipes. London: Press Syndicate of the University of Cambridge, 1986.

[53] 潘树林，高磊，吴波等. 共炮（检）点剩余静校正方法. 石油地球物理勘探，2011，46（1）：83-88.

[54] 张恒超. 叠前多域去噪技术应用开发研究. 中国地质大学（北京）硕士论文，2006.

[55] 刘申. 基于嵌入延迟坐标的勘探地震资料消噪方法的研究. 吉林大学硕士论文，2008.

[56] 俞寿朋，蔡希玲，苏永昌. 用地震信号多项式拟合提高叠加剖面信噪比. 石油地球物理勘探，1988，23（2）：131-139.

[57] 李庆忠. 来自地下复杂地质体的反射图形到底是怎样的. 石油地球物理勘探，1986，21（3）：221-240.

[58] 李庆忠. 关于低信噪比地震资料的基本概念和质量改进方向. 石油地球物理勘探，1986，21（4）：343-364.

[59] 李庆忠. 从信噪比谱分析看滤波及反褶积的效果—频率域信噪比与分辨率的研究. 石油地球物理勘探. 1986，21（6）：575-601.

[60] 符溪. Focus 系统模块开发及其在水合物勘探地震资料处理中的应用. 中国地质大学（北京）硕士论文，2002.

[61] 钟伟，杨宝俊，张智. 多项式拟合技术在强噪声地震资料中的应用研究. 地球物理学进展，2006，21（1）：184-189.

[62] 文博. 井间地震资料二维波场去噪处理方法技术研究. 长安大学硕士论文，2012.

[63] 姜维财. 地震记录评价方法研究及系统开发. 中国地质大学（北京）博士论文，2005.

[64] 程玉坤. 针对弹性参数反演的叠前去噪技术应用研究. 中国石油大学硕士论文，2008.

[65] 徐善辉，韩立国，郭建. f-x 域 EMD 与小波阈值法联合地震噪声衰减. 中国地球物理 2012，2012：389.

[66] 李美，赵玉华，刘静等. 苏里格气田地震资料叠前保幅去噪技术研究. 地球物理学进展，2012，27（2）：680-686.

[67] 解团结. 山区煤田地震勘探技术及应用研究. 长安大学硕士论文，2006.

[68] 高少斌，贺振华，赵波等. 自适应单频干扰波识别与消除方法研究. 石油物探，2008，47（4）：352-356.

[69] 高少武，周兴元，蔡加铭. 时间域单频干扰波的压制. 石油地球物理勘探，2001，36（1）：51-55.

[70] 黄雪继，刘来祥，王永胜. 分频径向道中值滤波在地震资料处理中的应用. 物探与化探，2012，36（2）：317-320.

[71] 徐善辉. 基于 Hilbert-Huang 变换的地震噪声衰减与薄层预测技术研究. 吉林大学博士论文，2012.

[72] 胡天跃. 地震资料叠前去噪技术的现状与未来. 地球物理学进展，2002，17（2）：218-223.

[73] 刘伟，柴斌，吴景会. 地震资料处理中的多次波的消除. 中国新技术新产品，2009，（22）：76.

[74] 彭小明. 基于波动方程的多次波压制方法研究. 成都理工大学硕士论文，2008.

[75] 朱大虎. 基于 Radon 变换的高密度地震信号去噪方法研究. 南京理工大学硕士学位论文，2012.

[76] 赵悦伊. 多类型散射多次波自适应消减法研究. 吉林大学硕士论文，2012.

[77] 王兆旗，庄锡进，胡冰等. 复杂断块地区地震资料目标处理技术应用研究. 油气地球物理，2012，（1）：36-40.

[78] 郭梦秋，赵彦良，左胜等. 海上地震资料处理中的组合压制多次波技术. 石油地球物理勘探，2012，47（4）：537-544.

[79] Thorson J R，Claerbout J F. Velocity-stack and slant-stack stochastic inversion. Geophysics，1985，50（12）：2727-2741.

[80] Foster D J，Mosher C C. Suppression of multiple reflections using the Radon transform. Geophysics，1992，57（3）：386-395.

[81] Shumway R H，Deanb W C. Best Linear Unbiased Estimation for Multivariate Stationary Processes. Technometrics，1968，10（3）：523-534.

[82] Cox H. Zeskind R M，Owen M M. Robust Adaptive Beamforming. IEEE TRANSACTIONS ON ACOUSTICS，SPEECH，AND SIGNAL PROCESSING，1987，35（10）：1365-1376.

[83] HU Tian-Yue，WANG Run-Qiu，White R E. Beamforming in Seismic Data Processing. Chinese Journal of Geophysics，2000，43（1）：89-100.

[84] 胡天跃，王润秋，White R E. 地震资料处理中的聚束滤波方法. 地球物理学报，2000，43（1）：105-115.

[85] Taner M T，Koehler F. Velocity spectra-digital computer derivation applications of velocity functions. Geophysics，1969，34（6）：859-881.

[86] 洪菲，胡天跃. 利用 3D 聚束滤波方法消除层间多次波. 中国地球物理学会年刊 2002——中国地球物理学会第十八届年会论文集，2002：344.

[87] 洪菲，胡天跃，王润秋，利用三维聚束滤波方法消除地震资料中的相关噪声. CPS/SEG 国际地球物理会议论文集，2004：150-152.

[88] 左黄金. 多次波去除方法研究. 大庆石油学院硕士论文，2005.

[89] 沈操. 基于波动方程的自由界面多次波压制. 中国地质大学（北京）博士论文，2002.

[90] Berkhout A J. Seismic migration：Imaging of Acoustic Energy by Wavefield Extrapolation. Elsevier Science Publ. CCo.，Inc.，1982.

[91] Hadidi M T，Verschuur D J. Removal of Internal Multiples-Field Data Examples. 59th EAGE Conference & Exhibition，1997.

[92] Bin Wang，Chuck Mason，Manhong Guo，et al. Interactive demultiple in the post-migration depth domain. SEG Technical Program Expanded Abstracts 2010：pp. 3436-3440.

[93] Berkhout A J，Verschuur D J. Estimation of multiple scattering by iterative inversion，Part I：Theoretical considerations. Geophysics，1997，62（5）：1586-1595.

[94] 凌云. 大地吸收衰减分析. 石油地球物理勘探，2001，36（1）：1-8.

[95] 李振春，王清振. 地震波衰减机理及能量补偿研究综述. 地球物理学进展，2007，32（4）：1147-1152.

[96] 贺洪举. VSP 在高分辨率处理中的应用. 天然气工业，1996，17（6）：23-26.

[97] 安慧，黄德济，赵宪生. VSP 资料的程变反 Q 滤波. 物探化探计算技术，1998，（1）：19-24.

[98] 李文杰，魏修成，刘洋. 利用 VSP 提高地震资料处理质量的新途径. 新疆石油地质，2005，26（1）：96-98.

[99] 高喜龙. 埕岛油田东斜坡地震资料特殊处理与储层预测. 断块油气田，2012，19（1）：88-91.

[100] 穆星. 基于盲信号处理技术的地震弱信号分离方法. 油气地质与采收率，2012，19（5）：47-49.

[101] 张宪旭，强娟，杨光明等. 地震资料处理中自动增益控制方法对振幅的影响. 煤田地质与勘探，2012，40（2）：82-85.

[102] 陈志德，关昕，李玲等. 数字检波器地震资料高保真宽频带处理技术. 石油地球物理勘探，2012，47（1）：46-55.

[103] 李继光. 低信噪比地震资料处理技术研究. 中国海洋大学硕士论文，2003.

[104] 田钢，石战结，董世学等，利用微测井资料补偿地震数据的高频成分. 石油地球物理勘探，2005，40（5）：546-549.

[105] 石战结. 减少低降速带影响的高分辨率地震勘探. 吉林大学博士论文，2006.

[106] 曹孟起. 统计法同态反褶积. 中国地质大学（北京）硕士论文，2002.

[107] Milton J. Porsani，Bjorn Ursin. Mixed‐phase deconvolution. GEOPHYSICS，199863（2）：637-647.

[108] 王润秋，安勇. 一种用于获取地层信息的混合相位反褶积方法及处理系统. 中国专利：GOIVI/28，2009-1-28.

[109] 王守君，王征. 海上地震资料零相位化处理技术研究. 石油物探，2012，51（4）：402-407.

[110] 郑祝堂. 泌阳凹陷王集—新庄三维地震资料处理方法研究. 中国地质大学（北京）硕士论文，2008.

[111] 曹盛. 反褶积方法在基于空间分辨率的高保真地震资料处理中的应用. 西南石油大学硕士论文，2012.

[112] 居兴华. 地震资料分频处理的应用及效果. 物探与化探，1994，（5）：331-338.

[113] 王锡文，彭汉明，秦广胜等. 黄土塬地区地震资料处理方法. 天然气工业，2007，（S1）：90-93.

[114] 郭建, 王咸彬, 胡中平等. Q补偿技术在提高地震分辨率中的应用——以准噶尔盆地Y1井区为例. 石油物探, 2007. 46 (5): 509-513.

[115] 万欢, 樊小意, 刘涛等. 叠前地震资料提高分辨率处理方法及应用. 地球物理学进展, 2012, 27 (1): 304-311.

[116] 甘利灯, 戴晓峰, 张昕等. 高含水油田地震油藏描述关键技术. 石油勘探与开发, 2012, 30 (3): 365-377.

[117] Futterman W I. Dispersive Body Waves. Journal of Geophysical Research, 1962, 67 (13): 5279-5291.

[118] 凌云, 高军. 一种时频域大地吸收衰减补偿方法. 中国专利: CN02123989.4, 2004-1-14.

[119] 姚姚, 刘兴利, 吴俊峰等. 基于随机介质的提高地震记录分辨率的扩频方法. 石油物探, 2009, 48 (3): 213-220.

[120] 袁红军, 吴时国, 王箭波等. 拓频处理技术在大牛地气田勘探开发中的应用. 石油地球物理勘探, 2008, 43 (1): 69-75.

[121] 孙哲, 刘洋, 王静.VSP优化预测反褶积与VSP子波替换法反褶积. 石油地球物理勘探, 2009, 44 (5): 569-573.

[122] 印兴耀, 刘杰, 杨培杰. 一种基于负熵的Bussgang地震盲反褶积方法. 石油地球物理勘探, 2007, 42 (5): 499-505.

[123] 刘财, 谢金娥, 郭全仕等. 一种基于自然梯度的地震盲反褶积方法. 石油物探, 2008, 47 (5): 439-443.

[124] 王西文, 赵邦六, 吕焕通等. 地震资料相对保真处理方法研究. 石油物探, 2009, 48 (4): 319-331.

[125] 王树华, 刘怀山, 张云银等. 变速成图方法及应用研究. 中国海洋大学学报 (自然科学版), 2004, 34 (1): 139-146.

[126] 张军华, 王静, 郑旭刚等. 关于几种速度分析方法的讨论及效果分析. 石油物探, 2009, 48 (4): 347-352.

[127] 安绍鹏. 折射波静校正技术在马岭地区非纵地震资料处理中的应用. 西安石油大学硕士论文, 2011.

[128] 梁运基, 贾全根, 贾烈明. 一体化地震勘探技术在孔雀河斜坡地区的应用. 石油地球物理勘探, 2004, 39 (4): 419-423.

[129] 汪功怀, 秦广胜, 蔡其新. 东濮凹陷地震速度场建立方法与应用研究. 中国石油勘探, 2011, 16 (2): 58-66.

[130] 瞿杰. 塔里木盆地大沙漠地震勘探的应用——TZ油田的发现. 地球物理与中国建设——庆祝中国地球物理学会成立50周年文集, 1997.

[131] 彭冬梅. 高阶速度分析处理技术. 中国石油报, 2005.

[132] 秦鑫, 彭晓, 刘飞等. 准噶尔盆陆西地区提高分辨率的方法. 中国石油学会成都省探技术研讨会, 2007.

[133] 毕研斌, 龙胜祥, 郭彤楼等. 地震方位各向异性技术在TNB地区嘉二段储层裂缝检测中的应用. 石油地球物理勘探, 2009, 44 (2): 190-195.

[134] 何晓冬. 裂缝检测方法. 油气藏评价与开发. 2000, 1 (1): 27-30.

[135] 齐宇, 魏建新, 狄邦让等. 横向各向同性介质纵波方位各向异性物理模型研究. 石油地球物理勘探, 2009, (6): 671-674.

[136] 张军华, 朱焕, 郑旭刚等. 宽方位角地震勘探技术评述. 石油地球物理勘探, 2007, (5): 607-609.

[137] 王宇超, 刘全新, 王西文. 宽方位角地震资料处理方法在ZDF含油区的应用. 中国石油勘探开发研究院西北分院建院20周年论文专集, 2005.

[138] 李庆忠, 魏继东. 论检波器横向拉开组合的重要性. 石油地球物理勘探, 2008, 43 (4): 375-382.

[139] 李庆忠, 魏继东. 高密度地震采集中组合效应对高频截止频率的影响. 石油地球物理勘探, 2007, 42 (4): 363-369.

[140] 王西文, 刘全新, 吕焕通. 相对保幅地震资料连片处理方法研究. 石油物探, 2006, 45 (2): 105-120.

[141] 范哲清, 吴振东, 白玉春等. 歧口凹陷新生代宏观构造解释及勘探前景分析. 石油物探, 2007, 46 (4): 402-410.

[142] 王喜双, 甘利灯, 易维启等. 油藏地球物理技术进展. 石油地球物理勘探, 2006. 41 (5): 606-613.

[143] 李明杰, 胡少华, 王庆果等. 塔中地区走滑断裂体系的发现及其地质意义. 石油地球物理勘探, 2006, 41 (1): 116-121.

[144] 纪学武, 夏义平, 徐礼贵等. 新疆地区油气勘探新领域展望. 石油地球物理勘探, 2007, 42 (3): 334-337.

[145] 曲寿利. 高密度三维地震技术—老油区二次勘探的关键技术之一. 石油物探, 2006, 45 (6): 557-562.

[146] 赵殿栋. 高精度地震勘探技术发展回顾与展望. 石油物探, 2009, 48 (5): 425-435.

[147] 张永华, 杨道庆, 罗家群等. 泌阳凹陷陡坡带高精度三维地震攻关研究与效果. 石油地球物理勘探, 2009, (增刊1): 110-114.

[148] 付代国, 张永华, 张德超等. 泌阳凹陷南部地区岩性油藏预测技术与效果. 石油天然气学报, 2008, 30 (2): 453-455.

[149] 凌云, 黄旭日, 高军等. 非重复性采集随时间推移地震勘探实例研究. 石油物探, 2007, 46 (3): 231-247.

[150] 苏云, 李录明, 刘艳华等. 互均衡技术及其在时移地震资料处理中的应用. 石油物探, 2009, 48 (3): 247-251.

[151] 凌云, 黄旭日, 孙德胜等. 3.5D地震勘探实例研究. 石油物探, 2007, 46 (4): 339-352.

[152] 王进海, 梁波, 朱敏等. 真地表动校叠加技术. 天然气工业, 2010, 30 (11): 39-42.

[153] 陈浩林，倪成洲，刑筱君等. 广义空间分辨率讨论及应用. 石油地球物理勘探，2009，44（1）：14-18.

[154] 俞寿朋著. 高分辨率地震勘探. 北京：石油工业出版社，1993.

[155] 赵虎，尹成，李瑞等. 基于检波器接收照明能量效率最大化的炮检距设计方法. 石油地球物理勘探，2011，46（3）：333-338.

[156] Liner C L. Concepts of Normal and Dip Moveout. GEOPHYSICS，1999，64（5）：1637-1647.

[157] 李振春. 多道集偏移速度建模方法研究. 同济大学博士论文，2002.

[158] 戴海涛. 塔里木盆地库车复杂山地地震资料处理关键技术应用研究. 中国石油大学硕士论文，2010.

[159] 滕厚华. 基于共反射面元叠加技术的波场参数正演. 中国石油大学硕士论文，2008.

[160] 李振春，姚云霞，马在田等. 基于参数多级优化的共反射面叠加方法及其应用. 石油地球物理勘探，2003，38（2）：156-161.

[161] 李振春，姚云霞，马在田等. 共反射面道集偏移速度建模. 地震学报，2003，25（4）：406-414.

[162] R. j. ger，姚云霞，李振春. 共反射面叠加法. 石油物探译丛，2001，（3）：1-11.

[163] 周翼，李道善，师骏等. 塔西南柯东构造带二维资料叠前深度偏移处理、解释. 中国石油勘探，2011，16（S1）：14-18.

[164] 马淑芳，李振春. 波动方程叠前深度偏移方法综述. 勘探地球物理进展，2007，30（3）：153-161.

[165] 杨联勇. 波动方程叠前深度偏移及其应用研究. 成都理工大学博士论文，2005.

[166] 韩文功，印兴耀，王兴谋等. 地震技术新进展. 东营：中国石油大学出版社，2006.

[167] 李道善. 单程波动方程叠前深度偏移技术应用研究. 成都理工大学硕士论文，2012.

[168] 宋俭. 叠前时间偏移成像处理技术在古龙断陷应用研究. 中国西部科技，2012，（4）：14-15.

[169] 周辉. 复杂地表地震资料叠前深度偏移成像. 吉林大学学报（地球科学版），2012，42（1）：262-268.

[170] 曹孟起，刘占族. 叠前时间偏移处理技术及应用. 石油地球物理勘探，2006，41（3）：286-289.

[171] 吴磊. 叠前时间偏移方法研究与应用. 中国地质大学（北京）硕士论文，2008.

[172] 孙沛勇. 基于波动理论的复杂地质构造地震数据成像. 大连理工大学博士论文，2003.

[173] 马义忠. 泌阳凹陷高精度三维地震勘探技术研究与应用. 中国地质大学（北京）博士论文，2009.

[174] 王有新，王宏，李少英等. 沿层定点速度分析技术. 石油地球物理勘探，1998，33（5）：597-603.

[175] 王兆湖. 复杂区低信噪比地震资料处理方法研究. 吉林大学博士论文，2010.

[176] Biondi B，Sava P. Wave-equation migration velocity analysis. 69th Annual International Meeting，SEG，1999.

[177] 张红军，平俊彪，戚群丽. 陆上盐丘区叠前时间偏移建模技术. 石油地球物理勘探，2009，（S1）：16-19.

[178] 张研. 前陆冲断带复杂构造地震成像技术研究. 中国科学院研究生院（广州地球化学研究所）博士论文，2006.

[179] 辛可锋，王华忠，马再田等. 共聚焦点层析速度建模方法. 石油物探，2005，44（4）：329-333.

[180] 李录明，罗省贤. SSR 与 DSR 组合的波动方程速度建模方法及应用. 石油地球物理勘探，2009，44（5）：630-636.

[181] John Vidale. Finite-difference calculation of travel times. Bulletin of the Seismological Society of America December 1988，78：2062-2076.

[182] Audebert F，Nichols D，Rekdal T，et al. Lumley and Hector Urdanetas. Imaging complex geologic structure with single-arrival Kirchhoff prestack depth migration. GEOPHYSICS，1997，62（5）：1533-1543.

[183] Abma R，Sun J，Bernitsas N. Antialiasing methods in Kirchhoff migration. GEOPHYSICS，1999，64（6），1783-1792.

[184] Lumley D E，Claerbout J F，Bevc D. Anti-aliased Kirchhoff 3-D migration. 64th Ann. Internet Mtg，Soc. Expl. Geophys Expanded Abstracts，1994：1282-1285.

[185] 王西文，陈志勇，冯云发等. 柴达木盆地三湖地区生物天然气储层预测方法. 石油物探，2007，46（5）：471-483.

[186] 王喜双，梁奇，徐凌等. 叠前深度偏移技术应用与进展. 石油地球物理勘探，2007，42（6）：727-732.

[187] 闫奎邦，李鸿，邓传伟等. WLT 地区深层火山岩储层地震识别与描述. 石油物探，2008，47（3）：256-261.

[188] 谌艳春，姚盛，李守济等. 三维叠前深度偏移技术在潜山成像中的应用. 石油物探，2009，48（3）：271-276.

[189] 吴常玉，王棣，王立歆等. 叠前预处理技术. 石油地球物理勘探，2007，42（1）：34-37.

[190] 杨子川，李宗杰，窦慧媛. 储层的地震识别模式分析及定量预测技术初探——以塔河油田碳酸盐岩储层有例. 石油物探，2007，46（4）：370-377.

[191] 敬朋贵. 川东北地区礁滩相储层预测技术与应用. 石油物探，2007，46（4）：363-369.

[192] 黄锐. 川东北碳酸盐岩地区地震勘探技术难点与对策. 石油物探，2008，47（5）：476-482.

[193] 武丽，董宁，朱生旺. 川东北通南巴构造带飞仙关组鲕滩储层预测. 石油物探，2009，48（3）：277-284.

[194] 于长华，秦建勋，候志等. 歧口凹陷张东潜山带碳酸盐岩储层地震资料叠前处理技术. 油气地球物理，2012，（1）：41-46.

[195] 李光. 彩 X-彩 Z 井区三维地震资料连片处理研究. 东北石油大学硕士论文，2013.

[196] Samuel H G，方伍宝. 地震偏移问题及其解决方案. 油气藏评价与开发，2002，25（2）：44-60.

[197] Stoffa P L. Split-step Fourier migration. Geophysics，1990，55（4）：410-421.

[198] Ristow D，Rühl T. Fourier finite-difference migration. Geophysics，1994，59（12）：1882-1893.

[199] Luo R Z. optimization of the seismic processing phase-shift plus finitedifference migration oerafor based on a hybrid genetic andsimulated annealing algorithm，pet sci. ，2013，10：190-194.

[200] Wu R S，Cruz S，de Hoop M VD. Accuracy analysis of screen propagators for wave extrapolation using a thin-slab model. SEG Expanded Abstracts，1996：419-422.

[201] 薛东川，王尚旭. 波动方程有限元叠前逆时偏移. 石油地球物理勘探，2008，43（1）：17-21.

[202] Baysal E，Dan D K，John W C S. Reverse time migration. GEOPHYSICS，1983，48（11），1514-1524.

[203] Mcmechan G A. Migration by extrapolation of time-dependent boundary values，1983，31（3）：413-420.

[204] Stolt R H. Migration by Fourier ttansform. GEOPHYSICS，1978，43（1）：23-48.

[205] Gazdag. Wave equation migration with the phase-shift method. GEOPHYSICS，1978，43：1342-1351.

[206] Jon F C. Imaging the Earth's Interior. The Board of the Leland Stanford Junior University Stanford，Califonia，1985.

[207] Gazdag and Piero S. Migration of seismic data by phase shift plus interpolation. GEOPHYSICS，1984，49（2），124-131.

[208] 陈爱萍，邹文，李亚林等. 起伏地表波动方程叠前深度偏移技术——以川东复杂地区应用为例. 石油物探，2008，47（5）470-475.

[209] 黄中玉，曲寿利，王于静等. 三维多分量地震资料处理技术研究. 石油物探，2010，（2）：140-146.

[210] 程冰洁，徐天吉. 转换波资料在川西拗陷储层预测中的应用. 石油物探，2009，49（2）：181-186.

[211] 王秀玲，王延光，季玉新等. 多分量地震资料在 K71 井区的应用研究. 石油物探，2009，48（3）：262-270.

[212] 王永刚，曹丹平，刘磊等. 井间地球物理资料的综合显示及其应用. 石油物探，2004，43（5）：462-465.

[213] 李建华，刘百红，张延庆等. 基于井间地震资料的储层精细描述方法. 石油地球物理勘探，2008，43（1）：41-47.

[214] 曹辉，郭全仕，唐金良等. 井间地震反射波资料处理. 石油物探，2006，45（5）：514-519.

[215] 曹辉，唐金良，郭全仕等. 井间地震反射波场分离及应用研究. 石油物探，2004，43（6）：518-522.

[216] 陈国金，曹辉，吴永栓等. 最短路径层析成像技术在井间地震中的应用. 石油物探，2004，43（4）：327-330.

[217] 王秀玲，王延光，季玉新等. 胜利油田盐家地区井间地震资料应用研究. 石油物探，2005，44（4）：362-366.

[218] 曹丹平，印兴耀，张繁昌等. 连井井间地震资料反演中的关键问题分析. 石油物探，2008，47（5）：455-460.

[219] 严又生，许增魁，宜明理等. 激发井、接收井互换的井中地震观测法方法. 石油地球物理勘探，2008，43（5）：489-492.

[220] 吴小羊，刘天佑. 基于时频重排的地震信号 Wigner-Ville 分布时频分析. 石油地球物理勘探，2009，44（2）：201-205.

[221] 吴小羊，刘天佑，唐建明等. 时频重排方法在川西拗陷须家河组地震含气性检测中的应用. 地质科技情报，2008，27（3）：103-106.

[222] 樊计昌，刘明军，王夫运等. 小波包节点域和空间域倾角扫描高阶相关去噪技术. 石油地球物理勘探，2009，44（6）：695-699.

[223] 樊计昌，李松林，刘明军. 利用小波包变换提取地震波高频信息. 石油地球物理勘探，2006，41（2）：144-149.

[224] 安勇，杨长春. 一种改进的频率-波数域倾角扫描去噪方法. 石油地球物理勘探，2008，43（2）：210-212.

[225] 薛亚茹，陆文凯，陈小宏等. 基于正交多项式的高精度零炮检距地震道拟合. 石油地球物理勘探，2008，43（2）：213-216.

[226] 张恒磊，张云翠，宋双等. 基于 Curvelet 域的叠前地震资料去噪方法. 石油地球物理勘探，2008，43（5）：508-513.

[227] 夏洪瑞，张怿平，张乃勋. FIR 与 PWVD 串联滤波消去随机噪声. 石油地球物理勘探，2009，44（1）：33-37.

[228] 王秀娟，吴时国，刘学伟等. 东沙海域天然气水合物特征分析及饱和度估算. 石油物探，2009，48（5）：445-451.

[229] 蔡希玲，张俊桥. 复杂地表区噪声分析技术与压噪方法应用. 石油地球物理勘探，2002，（S1）：1-4.